Imkern
Das Geheimnis
glücklicher Honigbienen

Orren Fox

Aus dem Englischen
von Ursula Held und Heide Lutosch

TEMPO

Die Originalausgabe erschien 2015 unter dem Titel
Do Beekeeping im Verlag The Do Book Company, London.

*TEMPO Bücher erscheinen im
Hoffmann und Campe Verlag.*

1. Auflage 2018
Copyright © 2015 by The Do Book Company
Text © Orren Fox 2015
Für die deutschsprachige Ausgabe
Copyright © 2018
by Hoffmann und Campe Verlag, Hamburg
www.hoca.de
Copyright der Photographien © by Michael Piazza, Libby Delana,
Jonathan Cherry, Patricia Niven und Anna Koska
Copyright der Illustrationen © 2014 by Anna Koska
Umschlaggestaltung: © James Victore
Satz: fuxbux, Berlin
Gesetzt aus der Gazette LT und der DIN OT
Druck und Bindung: Friedrich Pustet, Regensburg
Printed in Germany
ISBN 978-3-455-00315-4

HOFFMANN
UND CAMPE

Ein Unternehmen der
GANSKE VERLAGSGRUPPE

»Es gibt bestimmte Beschäftigungen, die
nicht vollends poetisch und wahr sein mögen
und doch eine edlere und feinere
Beziehung zur Natur andeuten, als wir sie kennen.
Dazu gehört das Halten von Bienen.«

———————

Henry David Thoreau

**Für die Imker
der Kopila Valley School
und für Duke**

Inhalt

Einleitung

Ich öffne die Autotür, steige aus, gehe zum Kofferraum und hole meinen Imkeranzug, meine Handschuhe und meine Werkzeugkiste heraus. Ich schlage die Heckklappe zu und laufe zu meinen Bienenstöcken. Es ist August – ein warmer, schöner Nachmittag. Ich schaue mich um und freue mich, als ich das kleine Wäldchen erblicke, vor dem meine Bienen stehen. Die Luft ist feucht, überall sind Mücken, also stelle ich meine Kiste ab und ziehe meinen Imkeranzug über. Ich setze mir auch den Imkerhut samt Schleier auf, aber den Reißverschluss meines Anzugs lasse ich offen, dafür ist es einfach zu warm. An den Füßen trage ich Flipflops – eine riskante, aber bewusste Entscheidung. Ich bekomme nur selten Stiche an den Füßen und ziehe an diesem Tag die Flipflops meinen Turnschuhen vor.

Ich nähere mich den Kästen und merke, dass die Bienen unglaublich aktiv sind – an einem heißen Sommertag ist das nichts Besonderes. Zu Hunderten umschwärmen sie die Beuten, es ist ein Kommen und Gehen im Sekundentakt. In dem scheinbaren Chaos weiß jede kleine Biene ganz genau, was sie tut und wohin sie soll. Als Mensch habe ich so meine Schwierigkeiten, ihre perfekte Arbeitsorganisation zu durchschauen.

Nachdem ich genug gesehen habe, ziehe ich den Reißverschluss meines Imkeranzugs zu und hole mein Werkzeug. Je näher ich komme, desto lauter wird das Summen und Brummen. Ich beobachte die Bienen beim Ein- und Ausfliegen. Die Sonne lässt ihre Hinterleiber glänzen. Dann nehme ich die Haube der ersten Beute ab: Sofort fliegen mir die Bienen massenweise entgegen, sie schlagen mir an den Schleier. Schon ein komisches Gefühl, von einem Schwarm Insekten derart freudig begrüßt zu werden!

Aus dem Bienenstock riecht es angenehm süß. Der Duft einer eben geöffneten Beute ist absolut unnachahmlich. Als der Geruch verflogen ist, sehe ich mir den Bienenstock genauer an. Ich ziehe ein paar Rähmchen heraus, um einen Eindruck davon zu bekommen, wie es meinen Bienen geht, und stelle dann erleichtert fest, dass offenbar alles in Ordnung ist: Die Königin hat viele Eier gelegt, die Brut ist intakt, es sind in jedem Fall ausreichend Honig und Pollen da. Auch beruhigt mich, dass sich das Volk nicht übermäßig aggressiv zeigt.

Seit ich imkere, sind es vor allem Erlebnisse dieser Art, die mich glücklich machen. Wenn ich zu meinen Bienen gehe, will ich natürlich an erster Stelle wissen, ob sie gesund sind, aber mir liegt auch daran, den Moment zu genießen. Das Imkern hat etwas Besonderes und tief Befriedigendes. Natürlich gibt es auch Rückfälle, doch insgesamt ist es eine extrem positive Erfahrung. Das Gefühl, wenn das erste selbstgemachte Glas Honig vor einem steht, ist kaum zu beschreiben – genauso wie die Freude, wenn meine Völker den Winter überstanden haben. Diese Momente erklären in etwa, warum ich Bienen halte. Bei der Lektüre dieses Buches wirst du mehr über diese faszinierenden Lebewesen erfahren und hoffentlich eigene gute Gründe finden, warum du imkern möchtest.

1
Bienen-Basics

»Mit der Entwicklung verwandter Arten,
der Waldbienen und Wespen, verhält es sich
in gewissem Sinne ähnlich, nur fehlt das
Ungewöhnliche aus guten Gründen, da sie nichts
so Göttliches an sich haben wie die Bienen.«

———

Aristoteles

In der Geschichte der Menschheit spielt die bescheidene Honigbiene eine bedeutende Rolle. Schon in steinzeitlichen Höhlenmalereien taucht eine Darstellung der Honigbiene auf. Unsere Vorfahren hielten zu dieser Zeit zwar noch keine Bienen, doch sammelten sie Honig und nutzten so einen der vielen wertvollen Dienste, die uns die Biene leistet.

Wirtschaftlich sinnvoll wurde die Imkerei erst, als man die Bienen und ihre Nester nicht mehr zerstören musste, um an den Honig zu kommen – dies war erst im 19. Jahrhundert der Fall, als man den mobilen Bienenstock mit herausnehmbaren Rähmchen erfand. Doch schon lange davor hielten Menschen Bienen. In Europa florierte bereits im Mittelalter die Zeidlerei, bei der der Honig wilder Bienen gesammelt wurde. Eines der ältesten Zeugnisse der Imkerei stammt aus altägyptischen Königsgräbern, in denen man Honig als Grabbeigabe fand. Dieser Honig war übrigens nicht verdorben! Zu den erstaunlichen Eigenschaften von Honig gehört nämlich, dass er nicht schlecht wird. Honig ist im wörtlichen und im übertragenen Sinn zeitlos.

Vom bloßen Honigsammeln bis zum professionellen Imkern hat sich vieles gewandelt und weiterentwickelt.

Die Bienenhaltung ist längst industrialisiert worden. In diesem Buch jedoch geht es vor allem um das Imkern als Hobby.

Bienenhierarchie

Ein Bienenvolk ist komplex strukturiert. Es besteht hauptsächlich aus Arbeiterbienen, die alle weiblich sind. Dazu kommt eine Gruppe Drohnen – das sind die männlichen Bewohner des Bienenstocks, die den Arbeiterinnen zahlenmäßig heillos unterlegen sind. Und dann gibt es noch die Königin, die Mutter des Bienenvolks.

Ein Volk kann 100 000 oder auch nur 15 000 Bienen haben, von denen aber nur 500 bis 700 Drohnen sind. Das hat einen guten Grund: Männliche Bienen arbeiten nicht. Ihre einzige Aufgabe besteht darin, die Königin zu befruchten, dies geschieht aber nur ein Mal. Ansonsten tun die Drohnen nichts anderes, als Unmengen Honig und Pollen zu verdrücken.

Die Rolle der Arbeiterbiene wandelt sich im Laufe ihres etwa 35-tägigen Lebens. Wenn sie auf die Welt kommt, säubert sie als erstes die Wabe, in der sie herangereift ist. Anschließend bleibt sie im Bienenstock und arbeitet als Amme oder im Hofstaat der Königin. Wenn die Arbeiterin älter ist, wird sie zur Sammlerin. Sie fliegt aus und sucht nach Nektar und Pollen.

Im Bienenstock kann man die Königin leicht finden, denn sie ist fast doppelt so groß wie eine Arbeiterin. Manche Imker kennzeichnen sie dennoch durch einen Farbtupfer. Die Drohnen sind größer als die Arbeiterinnen, ragen aber nicht so heraus wie die Königin. Jede einzelne Biene im Stock hat eine wichtige Rolle und trägt zum Erfolg des Bienenstaats bei.

Der Lebenszyklus einer Honigbiene

Der Lebenszyklus einer Honigbiene ist ziemlich überschaubar. Alles beginnt mit der Königin, die in einer Wabenzelle ein Ei ablegt. Innerhalb von drei Tagen wird aus dem Ei eine Made, die von ihren älteren Schwestern, den Ammenbienen, gefüttert wird. Kurz darauf verpuppt sich die Made, wächst noch einmal gewaltig und nimmt das Aussehen einer Biene an.

Die männlichen Bienen brauchen länger, um ihre Zelle zu verlassen. Da sie größer sind, benötigen sie auch geräumigere Zellen, und man kann beim Blick auf die Wabe leicht erkennen, wo die Drohnenzellen sitzen, da sie vorgewölbt sind.

Die Königinnen sind die interessantesten Bienen, und ihre Zellen, die Weiselwiegen, sind die größten. Sie passen nicht mehr in die Wabe und hängen deshalb wie eine Glocke aus dem Rähmchen. Die Königin beginnt ihr Leben als normale Arbeiterin, doch als junge Biene wird sie statt mit Honig mit Weiselfuttersaft gefüttert. Dieses Gelée royale erhalten normale Bienen nur im Larvenstadium. Die Spezialnahrung verwandelt eine normale Arbeiterin in eine imposante Königin.

Arbeiterinnen haben innerhalb des Bienenvolks die kürzeste Lebensspanne: gut einen Monat. Drohnen haben ein bisschen mehr Glück und halten sich ein paar Monate. Es sei denn, sie paaren sich mit der Königin: In diesem Fall sterben sie sofort. Eine Königin aber kann mehrere Jahre leben, bevor sie stirbt oder ersetzt wird. Damit haben wir die Basics eigentlich schon zusammen: Ein Bienenstock ist ein komplexes System mit klarer Gesellschaftsordnung.

Interessant ist vor allem, dass jede Biene, von der Königin bis zur Wächterbiene am Flugloch, eine bestimmte Aufgabe hat, die jeweils von ihrem Geschlecht und ihrem Alter abhängt.

Es gibt drei verschiedene erwachsene Bienen bzw. Bienenwesen: Königin, Drohnen und Arbeiterinnen. Die Arbeiterinnen sind mit Pollenkörbchen, Wachsdrüsen, Duftdrüsen und Futtersaftdrüsen ausgestattet – so sind sie den Aufgaben im Bienenstock bestens gewachsen.

Abb. 1: Bienenwesen

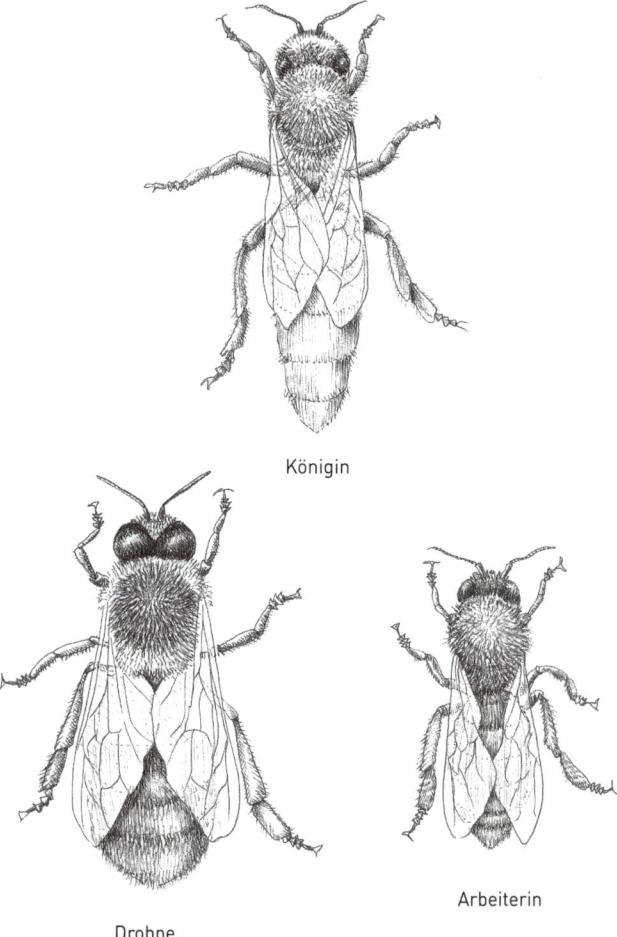

Königin

Drohne

Arbeiterin

Je nach Entwicklung der Drüsen ändert sich die Tätigkeit der Arbeiterin.

Sie beginnt ihr Leben als Putzbiene, einige Tage später wird sie zur Ammenbiene. Mit der Versorgung der Brut erfüllt sie die eigentlich wichtigste Aufgabe im Bienenstock. Die Stockbienen füttern die gefräßigen Maden, sie säubern und füttern aber auch die Königin, sie putzen die Zellen, versorgen den hereinkommenden Nektar und bauen die Wabe aus. Außerdem halten sie die Temperatur im Bienenstock bei 35 °C. Auch das ist eine wichtige Aufgabe! Wenn die Waben zu heiß sind, fächeln die Arbeiterinnen mit den Flügeln und erzeugen einen kühlenden Luftstrom, in kälteren Monaten rücken sie eng zusammen und bilden eine wärmende Decke.

Zum Ende ihres Lebenszyklus wird die Arbeiterin zur Sammelbiene. Sie fliegt aus und sucht nach Wasser, Nektar, Pollen und Harz. Als Wächterbiene beschützt sie den Bienenstock. Sie sitzt auf ihren Hinterbeinen am Flugloch und kontrolliert die ankommenden Bienen. Jedes Bienenvolk hat einen eigenen Stockgeruch, an dem die Wächterin ihre Stockgenossinnen erkennt. Jeder Eindringling – auch der Imker! – wird notfalls durch einen Stich abgewehrt.

Die Aufgabe der Königin besteht einzig und allein darin, Eier zu legen. In jede Zelle kommt ein Ei, das aufrecht am Boden haftet und einem Reiskorn ähnelt.

Der Körperbau der Biene

Honigbienen sind sehr komplexe Wesen, doch im Körperbau unterscheiden sie sich nicht besonders von anderen Insekten. Anstatt hier also eine Anatomievorlesung zu geben, stelle ich nur kurz die Körperteile vor, die man auf jeden Fall kennen sollte.

Abb. 2: Anatomie einer Biene

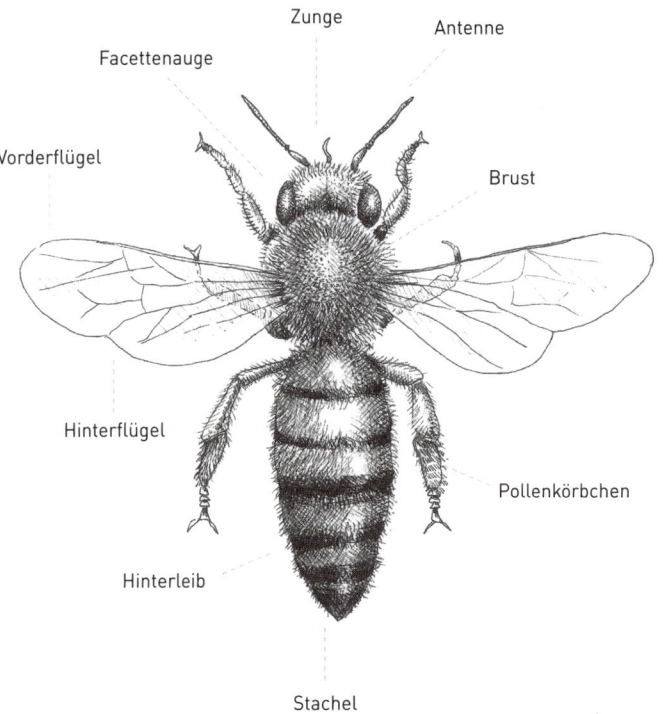

Zunge

Antenne

Facettenauge

Vorderflügel

Brust

Hinterflügel

Pollenkörbchen

Hinterleib

Stachel

Zuerst ist da der Stachel. Er sitzt ganz am Ende des Hinterleibs. Anders als Wespen können Honigbienen uns nur einmal stechen. Wenn eine Biene davonfliegt, nachdem sie einen Menschen gestochen hat, wird ein Stück vom Hinterleib samt Giftblase abgerissen – daran stirbt sie. Wenn eine Honigbiene angreift, ist sie also der Ansicht, dass ihrem Schwarm ernste Gefahr droht. Nach einem Stich sollte man nach der Giftblase suchen – wird sie nicht entfernt, pumpt sie weiter Gift durch die Einstichstelle und lässt ein eigentlich kleines Problem größer werden. Am besten zieht man sie samt Stachel so schnell wie möglich heraus.

Ein sympathischeres Hilfsmittel der Biene sind die Pollenkörbchen an den Hinterbeinen. Mit ihnen wird der Pollen zum Stock transportiert. Ein besonders beglückender Anblick für einen Imker ist die Rückkehr einer Sammlerin mit vollen Pollenkörbchen. Wenn man die einfliegenden Bienen beobachtet, erkennt man die Sammelbienen sehr schnell an dem gelb-orangenen Staub an ihren Beinen. Natürlich haben Honigbienen noch andere wichtige Körperteile wie ihre Saugzunge, das sogenannte Löffelchen, eine Antenne und Facettenaugen, doch kennen sollte man vor allem Stachel und Pollenkörbchen.

Bienensprache

Weniger bekannt dürfte sein, dass Bienen tanzen! Ihr Schwänzeltanz dient der Kommunikation. Wenn eine Biene nach dem Sammelflug zum Stock zurückkehrt, vollführt sie eine bestimmte Bewegungsabfolge, die wertvolle Informationen enthält. Durch den Tanz teilt die Biene mit, wo sich große Mengen Pollen oder Nektar befinden – so verlieren die Sammlerinnen keine Zeit mit der Suche. Über die Schwänzeltanz-Sprache werden also spezielle Ortsinformationen weitergegeben.

Wenn eine Biene etwa einen gerade erblühten Strauch voller Pollen und Nektar gefunden hat, verrät sie ihren Schwestern bei ihrer Rückkehr in den Stock dessen Standort – dann können auch sie ihn finden und abernten.

Man sieht also: Bienen mögen sehr klein sein, doch sie sind komplexe und absolut faszinierende Wesen. Ich kann nur jedem empfehlen, sich näher mit diesen erstaunlichen Kreaturen zu beschäftigen.

Zusammenfassung: Bienen-Basics

— Die kleinen weiblichen Arbeiterbienen werden etwa einen Monat alt. Sie füttern die Maden, halten den Stock instand und sammeln Pollen.

— Drohnen sind die männlichen Bienen. Sie sind etwas größer als die Arbeiterinnen und können ein paar Monate alt werden. Ihre einzige Aufgabe besteht darin, die Königin zu befruchten.

— Jedes Bienenvolk hat nur eine Königin. Sie ist die größte Biene im Stock.

— Arbeiterinnen teilen ihren Schwestern über einen Schwänzeltanz mit, an welchen Stellen reichlich Nektar und Pollen vorhanden sind.

2
Zu Beginn

Standort

Wo du deinen Bienenstock aufstellst, kann letztendlich darüber entscheiden, ob das Bienenvolk überlebt – daher ist die Wahl des Standorts ein extrem wichtiger Teil der Vorbereitungen. Folgende Dinge solltest du dabei beachten:

Zuallererst ist eine ausreichende Luftzirkulation wichtig. Mindestens ebenso wichtig ist aber, dass der Bienenstock windgeschützt ist. Daher bietet es sich an, die Beute vor einer Baumgruppe zu platzieren und nicht etwa auf einer ungeschützten freien Fläche. Denn bei starkem Wind könnten die Beuten umfallen. Der Standort vor einer Baumreihe oder einer Hecke ist also ideal, da diese als Windbrecher dienen und die Beuten generell vor Witterung schützen.

Ein weiterer Faktor, den es zu beachten gibt, ist die Sonneneinstrahlung. Bäume schützen nämlich nicht nur vor Wind, sie spenden auch Schatten. Die Bienen dürfen sich jedoch nicht komplett im Schatten befinden, denn gerade im Winter benötigen sie auch Sonne. Am besten sucht man also nach einem Platz, an dem die Bienen es im Winter warm haben, ohne im Sommer gebraten zu werden. Das klingt schwierig und widersprüchlich, aber ich kann dir versichern, dass sich der perfekte Standort finden lässt.

Als Drittes sollte man danach schauen, ob die Bienen gerade auch im Sommer an Wasser kommen, denn mit Wasser kühlen sie die Waben. Meine Bienen stehen in der Nähe eines Sumpfgebiets, was natürlich ideal ist. Doch selbst für Stadtimker ist es gar nicht so schwer, die Beuten mit einem Wasserzugang zu versorgen: Schon ein Vogelbad reicht aus – vorausgesetzt, es ist immer gefüllt. Zu feucht sollte der Standort der Beuten allerdings auch nicht sein. Besonders in kälteren Regionen kann Nässe den Bienenstock schädigen.

Kosten

Mit der Bienenhaltung geht man eine finanzielle Verpflichtung ein. Die größten Kosten entstehen natürlich zu Anfang, mit der Anschaffung von Beuten, Werkzeug und dem Bienenvolk selbst. Wenn der Bienenstock einmal eingerichtet ist, sind die laufenden Kosten eher niedrig – lass dich also nicht von der Startinvestition abschrecken. Wenn du später ein paar Gläser Honig verkaufen kannst, kommt ja sogar wieder etwas Geld herein. Das dauert zwar ein paar Jahre, ist aber durchaus möglich. Falls du ein Bienenvolk verlierst, wirft dich das natürlich zurück, aber versuche es dann einfach von neuem! Auch ein Teil der Imkerausrüstung muss unter Umständen alle paar Jahre ersetzt werden.

Zeit

Bienenhaltung muss nicht viel Zeit kosten, sie kann es aber. Wenn ich nach meinen Bienen sehe, hat das meist keinen bestimmten Grund – ich finde es einfach extrem spannend, den Bienen zuzusehen.

Allerdings ist es gerade zu Beginn wichtig, mit viel Sorgfalt vorzugehen. In den ersten Wochen richten sich die Bienen ein und müssen gut überwacht werden.

In dieser Zeit wirst du mehr über das Imkern lernen als je sonst. Die Aufbauphase entscheidet über die Gesundheit des Bienenstocks: Wenn du also merkst, dass etwas nicht so läuft wie es sollte, musst du dich sofort darum kümmern. Wenn man nicht schnell genug handelt, kann das den gesamten Bienenstock gefährden und im schlimmsten Fall musst du von vorn beginnen.

Im Laufe der Zeit bekommst du ein gutes Gefühl dafür, was »normal« ist und erkennst schnell, wenn etwas nicht in Ordnung sein sollte. Nicht immer handelt es sich um etwas Problematisches, aber jede Beobachtung mehrt dein Bienenwissen. Eins solltest du im Kopf behalten: Ganz gleich, wie viel du schon über Bienen gelernt hast, es gibt immer noch mehr zu entdecken. Bleib also offen und neugierig im Umgang mit deinen Bienen.

Nachbarn

Bevor du dir ein Bienenvolk anschaffst, solltest du in jedem Fall auch an deine Nachbarn denken. Es ist sicher hilfreich, wenn die Leute ringsum informiert sind und nicht aus allen Wolken fallen, wenn es heißt, dass du demnächst 50 000 Mitbewohner bekommst. Die Aussicht auf ein Glas Honig könnte sie freundlich stimmen.

Vor allem aber musst du dich erkundigen, ob jemand aus deiner Nachbarschaft allergisch auf Bienenstiche reagiert, denn das könnte sich als Hindernis herausstellen. Als ich meinen Nachbarn eröffnete, dass ich Bienen halten möchte, waren sie ehrlich begeistert und freuten sich auf das jährliche Glas Honig genauso wie auf die Möglichkeit, sich das Geschehen in einem Bienenstock mal aus der Nähe anzuschauen.

Stiche

Wer über Bienenhaltung redet, kann die Bienenstiche nicht ausklammern. Leider ist es für einen Imker kaum möglich, ohne Piekser davonzukommen. Sicher, es ist nicht angenehm, von einer Biene gestochen zu werden, richtig schlimm ist es aber auch nicht. Man kann Vorkehrungen treffen, um die Angriffe zu reduzieren. Zum Beispiel tragen die meisten Imker geschlossene Schuhe. Bei mir ist es reine Bequemlichkeit, wenn ich im Sommer mit Flipflops zu meinen Stöcken gehe. Das führt dazu, dass ich hier und da einen Stich abbekomme – an den Füßen tut es aber nicht so weh wie an anderen Stellen.

Am besten vermeidet man Stiche durch die richtige Schutzbekleidung und trägt beim Arbeiten an den Beuten immer einen komplett geschlossenen Imkeranzug, Handschuhe und einen Imkerhut mit Schleier. Wenn man die Hosenbeine noch in die Socken steckt, kann sich keine Biene von unten in den Anzug verirren – zum Glück ist das bei mir noch nie passiert! Lange Unterkleidung kann als zweite Schutzschicht dienen, im Sommer wird es einem dann aber leicht zu warm.

Wenn man nicht gerade allergisch reagiert, ist so ein Bienenstich schnell vergessen. Wenn man den Stachel sofort entfernt, hält sich die Schwellung in Grenzen. Am unangenehmsten ist noch, dass man über den Angriff meist ziemlich erschrickt. Manchmal sticht mich eine Biene, wenn ich schon friedlich zurück zu meinem Auto trotte, manchmal erwischt sie mich noch im Auto selbst! Lass dich von solchen Zwischenfällen nicht abschrecken. Die Bienen sind ganz sicher nicht aufs Stechen aus, sie würden uns auch lieber in Ruhe lassen.

Zusammenfassung:
Zu Beginn

— Stelle deine Bienenstöcke so auf, dass sie vor
  heftigem Wind und starker Sonneneinstrahlung
  geschützt sind.

— Sorge dafür, dass die Bienen vor allem
  im Sommer an Wasser gelangen können.

— Rechne mit recht hohen Anschaffungskosten.
  (Durch den Honigverkauf kommt aber wieder
  etwas herein!)

— Nimm Rücksicht auf deine Nachbarn.

— Reduziere das Risiko, gestochen zu werden,
  indem du geeignete Schutzkleidung trägst.

3

**Der Bienen-
stock**

>>Bienen duften, musst du wissen,
und wenn sie es nicht tun, dann sollten sie es jedenfalls,
denn an ihren Füßen haften die Gewürze
von einer Million Blüten.<<

———

Ray Bradbury

Der Aufbau eines Bienenstocks ist erstaunlich einfach. Auf den ersten Blick sehen die Beuten aus wie aufeinandergestapelte Kästen. Das entspricht auch schon beinahe den Tatsachen.

Magazinbeuten

Der geheimnisvolle Kastenturm nennt sich Magazin oder auch Oberbehandlungsbeute. Die Bienen wohnen in den größeren Kästen, den Brutraumzargen. Hier haben sie genug Platz zum Arbeiten. Im Sommer liegen über den großen Bruträumen etwas kleinere Kästen: Das sind die Honigraumzargen, in denen sich keine Bienen befinden. Wenn der Honigraum genauso groß wäre wie der Brutraum, würde er mit Honig angefüllt zu viel wiegen. Aber auch so sind die Honigraumzargen enorm schwer, sobald die Bienen jede Zelle mit ihrem goldenen Nektar gefüllt haben.

Die achteckige Zelle ist das Grundelement des Bienenstocks: Die perfekt geformten Waben nutzen Platz und Material perfekt aus. In manchen Zellen wird die Brut aufgezogen, in anderen Pollen und Honig gespeichert. Jede Zelle erfüllt einen anderen Zweck.

In einem Magazin hängen acht bis zwölf Wabenrähmchen. Diese haben verschiedene Größen – pass

also auf, ob die Rähmchen auch zur Beute passen!
Ein Rähmchen besteht aus vier Holzleisten in Form
eines Rechtecks, in das eine Mittelwand eingelötet
wird. Diese dünne Wachsschicht mit **Wabenprägung**
dient den Bienen als Grundlage für den Zellenbau.
Ich benutze gerne Mittelwände aus reinem Wachs,
manche Imker nehmen lieber etwas dickere Wände aus
bewachstem Plastik. Mittelwände aus Plastik halten
länger, doch ich habe mich für die reinen Wachswände
entschieden, weil ich mich auf natürliche Materialien
beschränken möchte. Die Wachswände halten nur eine
Ernte, Plastikwände kann man dagegen mehrere Jahre
verwenden. Beide sind eine gute und sinnvolle Lösung,
und es bleibt dir überlassen, mit welchen Mittelwänden
du am liebsten arbeiten möchtest.

Der Boden

Der Boden des Bienenstocks besteht aus drei Elemen-
ten. Zum Erdboden hin benötigt man unbedingt eine
stabile Unterkonstruktion, auf der die Bienenstöcke
sicher stehen. Ich habe Glück, denn mein Vater ist
Tischler und hat mir absolute Luxussockel gebaut.
Doch auch eine ausgediente Holzpalette reicht aus,
wenn sie nur stabil genug ist. Es ist sehr wichtig, dass
die Beute keinen Bodenkontakt hat, denn nur so werden Feuchtigkeit und Eindringlinge abgehalten. Ohne
einen vernünftigen Sockel kann Feuchtigkeit aufstei-
gen, außerdem freuen sich Mäuse über eine warme
Bleibe. Ein fester Sockel kann vielerlei Probleme
verhindern.

Als Nächstes benötigt man ein Bodenelement mit
Flugbrett. Die überstehende Leiste dient den Bienen
als Landehilfe. Eine Biene, die vom Sammeln in den
Stock zurückkehrt, ist schwerbepackt – das macht das
Fliegen nicht gerade leicht. Auf dem Flugbrett kann

sie sicher landen und in die Beute laufen. Achte aber darauf, ob zwischen Flugbrett und Sockel eine Lücke entsteht: An dieser Stelle habe ich oft Probleme mit Mäusen. Stell dir vor, du bist eine kleine Maus und suchst im eisigen Winter nach einem Schlupfloch: Da steht auf einmal dieser Bienenstock vor dir, in dem du es behaglich warm hättest. Drinnen im Stock aber stechen dich die Bienen womöglich tot. Also suchst du weiter und entdeckst ein behagliches Plätzchen unter dem Magazin: Was liegt näher, als sich dort einzurichten? Für dich als Imker heißt das, dass du regelmäßig unter dem Bodenbrett nachschauen musst, damit sich der Sockel nicht in ein Mäusehotel verwandelt.

Den Abschluss des Magazins bildet die Haube. Die meisten Bienenhalter verwenden ein komplett flaches Dach für ihren Bienenstock, ich habe mich für ein hübsches Satteldach mit Kupferbeschlag entschieden, auf dem sich weder Wasser noch Schnee sammelt.

Weitere Bestandteile einer Beute

Ebenfalls eingebaut werden können eine Fluglochsperre, ein Absperrgitter und ein Innendeckel. Die Fluglochsperre ist einfach ein Holzkeil, der den Eingang zur Beute verkleinert und Zugluft und Eindringlinge abhält. Die Sperre ist nicht unbedingt notwendig, verschieden große Holzkeile sind aber immer nützlich, um Lücken zu schließen. Ich kann nur jedem Imker empfehlen, mehrere Holzkeile in der Werkzeugkiste zu haben, denn man kann sie in den verschiedensten Situationen gebrauchen.

Mit einem Absperrgitter zwischen Brutraum und Honigraum verhinderst du, dass die Königin im Honigraum Eier ablegt. Denn durch die Gittermaschen schaffen es nur die kleineren Arbeiterinnen – die Königin passt nicht hindurch.

Abb. 3: Aufbau einer Magazinbeute

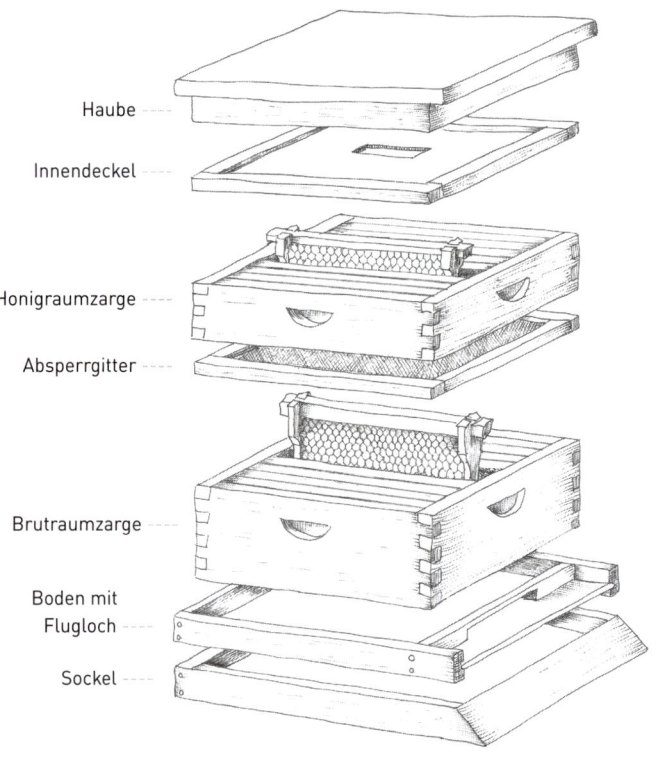

Haube

Innendeckel

Honigraumzarge

Absperrgitter

Brutraumzarge

Boden mit
Flugloch

Sockel

Ich habe bisher immer ein Absperrgitter verwendet, andere Bienenhalter finden, dass es die Tätigkeit im Stock verlangsamt. Wenn du mit dem Risiko leben kannst, dass die Königin Eier im Honigraum ablegt, darfst du gerne auf ein Absperrgitter verzichten. Wer aber auf Nummer sicher gehen will, setzt lieber eins ein. Ich versuche dem Ertragsverlust entgegenzuwirken, indem ich sehr zeitig mit der Honigernte beginne. Entscheide ruhig selbst, welche Möglichkeit dir mehr zusagt. Es gibt hier kein Richtig oder Falsch und du wirst im Laufe der Zeit schon herausfinden, was für deine Bienen am besten ist.

Zuletzt haben wir noch den Innendeckel – ein wichtiger Bestandteil der Beute zwischen Honigraum und Haube: Er dient als Bieneneingang, sorgt für ausreichend Luftaustausch und verschafft den Arbeiterinnen Platz. Im Sommer wird öfter mal die Haube etwas hochgestellt, um den Bienen Zugang zu einer kleinen Öffnung vorne am Innendeckel zu verschaffen. Das ist nicht notwendig, die Bienen nehmen das zweite Flugloch aber gerne an.

Es mag anfangs so aussehen, als gäbe es eine korrekte und eine falsche Einrichtung eines Bienenstocks, doch nach einer Weile wirst du merken, dass so eine Beute wie ein Zuhause ist. Nämlich etwas sehr Individuelles mit ganz eigenen Macken, mit denen du als Imker mit der Zeit immer besser umgehen kannst.

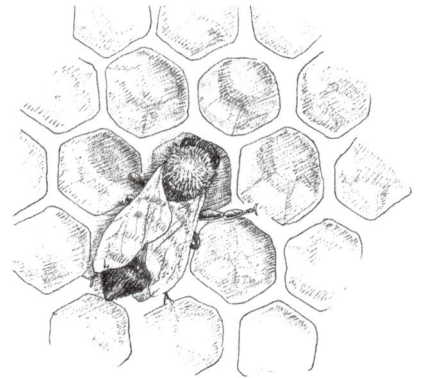

Zusammenfassung:
Der Bienenstock

— Eine Magazinbeute besteht aus mehreren Zargen.
  Die Bienen wohnen in den unteren, größeren Zargen.

— Während der Sommermonate werden in der
  oben liegenden, kleineren Honigraumzarge die
  Honigvorräte angelegt.

— In den Zargen hängen Rähmchen mit Zwischen-
  wänden aus Wachs.

— Die Bienen bauen ihre Waben auf diese Zwischen-
  wände und lagern dort Honig und Pollen. In andere
  Waben werden Eier abgelegt, aus denen sich die
  Maden entwickeln.

4
Die Imker-ausrüstung

»Der Landwirtschaft gilt unser klügstes Streben,
denn sie ist es, die am Ende
am meisten zu echtem Reichtum,
guten Sitten und wahrer Zufriedenheit beiträgt.«

———

Thomas Jefferson

Immer, wenn du deine Bienen besuchst, solltest du ein paar einfache Dinge dabeihaben, die dir das Leben sehr erleichtern können. Am allerwichtigsten ist dein Imkeranzug. Das erste Mal einen Imkeranzug anzuziehen ist total aufregend. Er ähnelt einem Chemikalienschutzanzug, und wenn ich Freunden und Familie Fotos von meinen Bienenstöcken zeige, werde ich immer mit einem Alien, einem Bombenentschärfungsspezialisten oder sogar mit dem Knack & Back-Männchen verglichen.

Der Imkeranzug

Falls du befürchtest, von deinen Bienen gestochen zu werden, während du dich um sie kümmerst, wird dir der Imkeranzug diese Angst sofort nehmen. Dass ich mich in ihm so wohlfühle, ist mindestens zur Hälfte eine mentale Sache. Schlicht und einfach, weil man in diesen Overall gehüllt ist, ist man plötzlich mutig genug, sich mitten ins Getümmel der Bienenstöcke zu stürzen. Trotzdem ein Rat an dich, bevor du dir den Anzug überwirfst und loslegst: Mach dich kurz mit deinem Anzug vertraut. Ich musste bitter erfahren, was passiert, wenn man es nicht tut. (Später mehr davon!)

Handschuhe

Ein weiterer wichtiger Teil deiner Imkerkluft sind natürlich die Handschuhe. Es gibt in diesem Bereich wenig Auswahl, aber eigentlich funktionieren auch alle Handschuhe gleich gut. Mit der Zeit sammeln sich auf ihnen Harz (ein klebriges Gemisch, das die Bienen aus Baumsaft und anderen Stoffen herstellen, um damit Spalten und Löcher in der Beute zu flicken und um sie vor dem Wetter zu schützen), Wachs und Honig, was sie für die Bienen ziemlich attraktiv macht. Je mehr meine Handschuhe mit diesen Substanzen bedeckt sind, desto mehr fühlen sich meine Bienen zu ihnen hingezogen. Inzwischen sind sie immer komplett mit Bienen bedeckt, wenn ich nach den Stöcken gesehen habe.

Kauf dir am besten ein Paar, das ein bisschen zu groß für dich ist, einfach aus Bequemlichkeitsgründen – und natürlich, wenn du ein sehr junger Imker bist, der sich noch im Wachstum befindet! Ich jedenfalls bin wegen meiner wahnwitzigen Wachstumsschübe inzwischen bei meinem dritten Paar Handschuhe innerhalb von zwei Jahren angelangt. Die erwachsenen Imker haben dieses Problem nicht. Ihr könnt euch einfach Handschuhe kaufen, die gut passen und sie für immer behalten.

Smoker und Brennmaterial

Ein wirklich wichtiger Ausrüstungsgegenstand, den du immer dabeihaben solltest, wenn du deine Bienen besuchst, ist der Smoker. Ich benutze ihn relativ selten, aber wenn man es mit einem Bienenvolk zu tun bekommt, das gerade wütend ist, muss man irgendwie damit umgehen, und dann ist der Smoker sehr hilfreich. Ich habe ihn also zur Sicherheit immer dabei. Außerdem fühlt es sich toll an, ein solches Ding mit sich

herumzutragen! Der Smoker ist wahrscheinlich der Teil der gesamten Imkerausrüstung, der den größten Kultfaktor hat und am meisten photographiert wird.

Um deinen Smoker in Gang zu bringen, brauchst du Brennmaterial. Irgendetwas, das massenhaft Rauch produziert, ist dafür am besten geeignet – also letztlich etwas, das nicht besonders gut brennt. Wenn in deinem Smoker ein richtiges schönes Feuerchen lodert, nützt dir das gar nichts. Nimm am besten Fetzen von einem Jutesack, Kiefernnadeln, Zweige, Zeitungspapier oder was du sonst noch so finden kannst. Hauptsache, es raucht schön!

Rähmchenhalter, Bienenbesen und Stockmeißel

Ein weiteres wichtiges Hilfsmittel ist ein Rähmchenhalter. Während meines ersten Jahres als Imker hatte ich so etwas nicht, aber jetzt kann ich es mir ohne dieses Werkzeug gar nicht mehr vorstellen. Es handelt sich dabei um ein einfaches Stück Metall, das du an einer Seite des Bienenstocks einhaken kannst und das sozusagen als zusätzliche Hand fungiert. Früher habe ich meine Rähmchen immer gegen den Sockel des Bienenstocks gelehnt. Mitunter kippten sie dann um, oder ich kam aus Versehen dagegen: Das hat die Bienen natürlich immer ziemlich aus der Fassung gebracht. Der andere Vorteil des Halters besteht darin, dass man mit seiner Hilfe die Rähmchen viel besser untersuchen kann. Wenn du mit einem Rähmchen fertig bist, hängst du es einfach an den Halter und machst mit dem nächsten weiter. Natürlich ist ein Rähmchenhalter kein Muss, aber er kann wirklich extrem hilfreich sein.

Zwei Dinge sollten in der Imkerausrüstung ebenfalls nicht fehlen: ein Bienenbesen und ein Stockmeißel. Beide sind extrem simpel und total hilfreich.

Ein Stockmeißel ist ein Stück Metall mit einem Haken auf der einen und einem Meißel auf der anderen Seite. Man benutzt ihn, um den Bienenstock zu öffnen und die Rähmchen darin möglichst behutsam zu bewegen. Der Haken dient dazu, die Rähmchen möglichst vorsichtig herauszuziehen, ohne dass sie beschädigt werden. Mit dem Meißel lässt sich störendes Harz entfernen. Dies ist wirklich das Werkzeug, das für jeden Imker unabdingbar ist.

Auch den Bienenbesen solltest du immer dabeihaben. So ein Bienenbesen ist eine sehr einfache, weiche Bürste, mit der man die Bienen aus den Bereichen fegen kann, in denen man sie nicht haben möchte. Ich benutze ihn hauptsächlich, wenn ich die Beute nach einer Kontrolle wieder zusammenbaue. Weil ich beim Aufeinanderstapeln der Magazine möglichst keine der Bienen zerquetschen möchte, fege ich sie zu ihrer eigenen Sicherheit mit dem Besen von den Rändern der Beute. Diese drei Werkzeuge sind also meine absoluten Favoriten. Schaff dir am besten eine kleine Werkzeugsammlung an, mit der du gut zurechtkommst. Sie wird ewig halten und dich nicht im Stich lassen.

Tagebuch schreiben

Ein Tagebuch zu führen ist immer eine gute Idee, besonders für Imker. Zugegeben: Wirklich oft schreibe ich selbst auch nicht hinein, jedenfalls könnte es mehr sein. Aber ich notiere mir zumindest die wichtigsten Beobachtungen, einfach, damit ich sie nicht vergesse. Wenn du etwas Ungewöhnliches feststellst oder etwas beobachtest, das dir interessant vorkommt, gewöhn dir auf alle Fälle an, es kurz aufzuschreiben. Es kann sein, dass du eines Tages darauf zurückkommen willst. Vor allem, wenn du mehr als zwei Bienenstöcke hast, solltest du unbedingt ein Tagebuch führen.

Zusammenfassung:
Die Imkerausrüstung

Wichtige Werkzeuge und Ausrüstungsgegenstände,
die du dir besorgen solltest:

— Imkeranzug
— Handschuhe
— Smoker
— Brennmaterial
— Rähmchenhalter
— Bienenbesen
— Stockmeißel
— Tagebuch (nicht unbedingt nötig, aber sinnvoll)

5
**Die Bienen
einlogieren**

»Imkern ist wie
Sonnenstrahlen dirigieren.«

———

Henry David Thoreau

Eins kann ich zum Thema Bienen mit Sicherheit sagen:
Es ist eine unvergleichliche Erfahrung, seinen ersten
Bienenschwarm einzulogieren. Nachdem ich die ersten
drei Bienenpakete meines Lebens gekauft hatte, packte
ich sie in den Kofferraum, fuhr nach Hause und trug
sie vorsichtig hinein. Eine ganze Weile lang betrachtete
ich die summenden Bienengrüppchen da drinnen und
lauschte dem beruhigenden Geräusch, das von den
Paketen ausging. Ich konnte mich von diesem neu-
artigen, außergewöhnlichen Klang so schwer trennen,
dass ich eins der Pakete mit nach oben in mein Zimmer
nahm und es dort an die Wand stellte. Die Bienen
summten und summten, und ich schlief langsam ein.

Ich hatte das Glück, dass in meiner Nachbarschaft zwei
sehr erfahrene Imker wohnten, die mir für den nächsten Tag ihre Hilfe angeboten hatten. Ohne die beiden
wäre der ganze Akt, die Bienen aus den Paketen heraus
und in die Beuten hinein zu verfrachten, sicherlich
anders verlaufen! Ich rate dir dringend, dir ebenfalls
ein paar Imker in deiner Nähe zu suchen, die dir am
Anfang zur Seite stehen, ansonsten kann es nämlich
ziemlich stressig werden. Allein hätte ich mich jedenfalls nie getraut, die Bienen aus ihrer Transportbox zu
holen und in die Beuten zu befördern. Herauslocken

bringt nichts, wie ich schnell lernte, man muss sie zwingen.

Dies ist nur eines der vielen, vielen Dinge, die mir meine Bienenmentoren beigebracht haben.

Paketbienen oder Ableger?

Beim Kauf deiner ersten Bienen hast du zwei Möglichkeiten: Du kannst dir entweder Paketbienen oder Ableger bestellen[*] (oder dir, wenn du ganz mutig bist, einen eigenen Schwarm fangen, allerdings weiß man natürlich nie, wann und wo sich die Gelegenheit dazu ergibt).

Der Unterschied zwischen Paketbienen und Ablegern ist folgender: Der Ableger kommt als kleiner, fertiger Stock bei dir an, mit Brutwaben, einer Königin und Arbeiterbienen. Normalerweise stammt er von einem Imker in deiner Nähe, der dir damit sozusagen den Kern eines seiner Bienenstöcke überlässt.

Ein Paket enthält dagegen eine Königin und Arbeiterbienen, die in ihrer kleinen Transportkiste – die aussieht wie ein kleinerer Schuhkarton mit einer Scheibe darauf – von einem Züchter mit der Post verschickt wurden. Das bedeutet, dass du die Bienen eigenhändig aus ihrer Transportkiste in die Beuten verfrachten musst.

Ich finde Pakete besser, einfach, weil ich mit ihnen die besten Erfolge hatte. Ableger habe ich auch ausprobiert, aber traurigerweise sind sie mir immer recht schnell eingegangen, weshalb ich wieder auf Pakete umgestiegen bin. Das Verlockende an Ablegern ist, dass sie sich schon eingelebt haben. Sie sind aber auch oft

[*]   In Deutschland ist es die gängigere Methode,
      sich beim örtlichen Imkereiverband einen Naturschwarm
      oder einen vorweggenommenen Schwarm zu bestellen.
      Informiere dich einfach bei einem Imker in deiner Nähe!

ein bisschen teurer. Einige Imker schwören auf Pakete, andere würden grundsätzlich nur mit Ablegern arbeiten. Entscheide selbst! Es ist bei der Imkerei immer am besten, selbst auszuprobieren, womit man sich am wohlsten fühlt und dann dabei zu bleiben.

Die Bienen einlogieren

Ich kann den Prozess des Einlogierens der Bienen vielleicht am besten beschreiben, indem ich noch einmal auf meine erste Erfahrung zurückkomme.

Ich war echt aufgeregt, als ich mit einer Werkzeugkiste in der linken Hand und einem Smoker in der rechten durch das hohe Gras stapfte. Es war Mittag, und die Sonne schien warm und hell auf das Wäldchen, vor dem meine Bienenstöcke standen. Ich lief weit vor den anderen her: Freunde und Familie waren mitgekommen, um dabei zu sein, wenn ich meine Beuten einweihte.

Als ich bei den leeren Bienenstöcken ankam, raste mein Herz: Ich war so wild darauf, endlich loszulegen, dass ich beinahe zitterte. Ich stellte die Werkzeugkiste ab, öffnete sie und holte eine Schachtel heraus: »Smoker – Brennmaterial« stand darauf. Ich suchte ein paar passende Stückchen aus und legte sie in den Smoker. Dann griff ich mir den Anzünder aus einem Seitenfach der Werkzeugkiste und zündete das Brennmaterial an. Ich gab dem Smoker ein paar Stöße mit dem Blasebalg, um ein bisschen Sauerstoff in das kleine Feuer zu pumpen. Ein paar sanfte Rauchschwaden kamen aus der Spitze des Smokers. Als die Sommersonne auf diese Wölkchen traf, spürte ich, wie sehr ich das alles genießen würde.

Knapp eine Viertelstunde später hing ich neugierig über einer der Transportboxen. Ich war so weit: Die Bienen sollten ihr neues Zuhause kennenlernen.

Vorsichtig holte ich einen Behälter mit Zuckerwasser aus der Box und machte den Deckel schnell wieder zu. Da drinnen saßen schätzungsweise 30 000 bis 50 000 Bienen. Ich stach dann ein paar große Löcher in den Deckel des Behälters und goss das Zuckerwasser in eine Sprühflasche. Die beiden erfahrenen Imker, die angeboten hatten, mir beim Einlogieren meiner Bienen zu helfen, rieten mir nun, die Unmengen von Bienen in der Box mit diesem Zuckerwasser zu besprühen. Und genau das tat ich: Ich sprühte die Bienen gewissermaßen nieder.

Als nächstes schlugen wir gegen die Wand der Box, wodurch ein Großteil der Bienen auf die andere Seite kullerte. Dann hoben wir die Box an und gossen die Bienen in die Beute. Wenn ich sage »gossen«, ist das nicht übertrieben: Weil die Bienen über und über mit Zuckerwasser bedeckt waren, blieben sie aneinanderkleben. Wir mussten nur gegen die Box tippen, dann rutschte schon ein Klumpen Bienen in die Beute. Es war wirklich das Sonderbarste, was ich je gesehen habe. Zuerst hatte ich Angst, dass wir die Bienen beim Ausgießen verletzen könnten, aber sie blieben völlig unversehrt. Innerhalb weniger Minuten hatten sie das Zuckerwasser abgeschüttelt und schwirrten durch die Gegend, als wäre nichts gewesen. Diese Methode ist also ausgesprochen wirksam, wenn man Bienen in eine Beute befördern muss – ein bisschen bizarr ist das Ganze aber schon!

Nachdem wir mit der ersten Beute fertig waren, machten wir es mit der nächsten genauso. Tausende von Bienen schwirrten umher, es war total beglückend. Ich war von Kopf bis Fuß mit Bienen bedeckt. Die Bienen, die wir hier einlogierten, waren nämlich noch ganz jung, und solche Bienen lieben es, sich irgendwo anzuklammern.

Alles lief gut, bis ich, mitten bei der zweiten Beute, irgendetwas an meinem Bauch spürte. Ein, zwei Minuten kümmerte ich mich nicht darum, dann bemerkte ich es wieder. Es fühlte sich an, als würde mich jemand am Bauch kitzeln. Die Versuchung war groß, einfach hinzulangen und mich zu kratzen, aber mein Instinkt sagte mir, dass das keine gute Idee wäre. Stattdessen gab ich meinem Begleiter zu verstehen, dass ich kurz etwas nachsehen müsste und fegte mich vorsichtig ab. Als mein Imkeranzug weitgehend von Bienen befreit war, öffnete ich langsam den vorderen Reißverschluss. Ich hob mein Shirt an – und wer guckte da zu mir hoch? Ungefähr acht kleine Bienen! Ich fegte sie ab und zog den Reißverschluss schnell wieder zu. Als alles wieder so war, wie es gehörte, fragte ich mich natürlich, wie die Bienen dort hineingekommen waren. Hektisch suchte ich meinen Imkeranzug nach Löchern ab.

Und dann fand ich sie. Aus irgendeinem seltsamen Grund hatte der Anzug zwei Sorten von Taschen. Zum einen gab es normale Taschen, die von außen auf den Anzug genäht waren. Die anderen Taschen aber waren einfache Löcher auf beiden Seiten des Anzugs, durch die man auf die Taschen seiner eigenen Kleidung zugreifen konnte. Ja, du liest richtig! Der Imkeranzug hatte Löcher. *Extra*. Ich verstehe schon, was sich der Designer dabei gedacht hat, aber hallo? Ein Anzug, der kleine lärmende Insekten davon abhalten soll, deinen Körper zu zerstechen, wird mit riesigen Löchern geliefert? Das ist irgendwie nicht ideal. Zum Glück blieb ich ruhig, als mir klar wurde, was da vor sich ging, und genau deshalb wurde ich wahrscheinlich auch nicht gestochen. Jedenfalls ist die Wahrscheinlichkeit, gestochen zu werden viel größer, wenn man in der Nähe seiner Bienen durchdreht, als wenn man Ruhe bewahrt.

Ruhe zu bewahren ist auch dann wichtig, wenn man doch einmal gestochen wird. Wenn eine Biene sticht,

sondert sie ein Pheromon ab, das den anderen Bienen »Gefahr« signalisiert. Wenn du in diesem Moment ausflippst, wird das Problem nur schlimmer, und die Wahrscheinlichkeit steigt, dass du noch einmal gestochen wirst. Gerade bei den ersten paar Malen bei den Bienenstöcken ist es natürlich sehr schwierig: Versuch trotzdem immer, ruhig zu bleiben – es ist das Beste für dich und deine Bienen!

Imkerverbände

Glücklicherweise gab es einen Imkerverband in meiner Nähe, dessen Mitglieder mich sehr freundlich darüber informierten, woher ich mein erstes Bienenpaket bekommen konnte. Ich empfehle dir wärmstens, dich an einen Imkerverband in deiner Nähe zu wenden: Man bekommt dort, wie ich feststellen konnte, eine Fülle von Informationen und wertvollen Ratschlägen.

Bevor ich meine ersten Bienenstöcke bekam, besuchte ich die wöchentlichen Treffen meines Imkerverbandes. Ich nannte diese Treffen meine »Bienenschule«. In der Bienenschule hörte ich vielerlei Vorträge von unterschiedlichsten Referenten und lernte dort unglaublich viel über die Imkerei. Es gab Vorträge über Themen, mit denen ein Neuling wie ich sehr wahrscheinlich zu tun bekommen würde, wie zum Beispiel über die Faulbrut (später mehr dazu!), sowie Referate, in denen eher allgemeine Tipps und Ratschläge weitergegeben wurden. Diese Treffen waren immer sehr ausführlich und informativ, sie gingen wirklich in die Tiefe. Ich empfehle dir also dringend, den nächsten Imkerverband in deiner Umgebung ausfindig zu machen, um so viel wie möglich von erfahrenen Imkern zu lernen.

Zusammenfassung:
Die Bienen einlogieren

— Für deinen ersten Bienenstock kannst du
 Paketbienen oder Ableger kaufen.

— Das Einlogieren ist am Anfang ziemlich schwierig,
 such dir deshalb unbedingt einen erfahrenen Imker,
 der dir dabei hilft.

— Erkundige dich nach einem Imkerverband
 in deiner Nähe. Du findest dort wertvolle Unterstützung und eine Fülle von Ratschlägen und
 Informationen

6
Den Bienen-
stock öffnen

>>Die Biene ... sammelt ihre Nahrung
von den Blüten der Gärten und Felder,
aber die Umwandlung und Verarbeitung
gelingt ihr aus eigener Kraft.«

———

Leonardo da Vinci

**Nachdem ich meine ersten Bienen einlogiert hatte,
machte ich mir ständig Sorgen um die Beuten. Hatte
ich sie richtig aufgestellt? Bekamen die Bienen genügend Wasser? Was, wenn ich nun die Königin getötet
hatte? (Dieses letzte Szenario hätte die Sache tatsäch-
lich sehr erschwert.)**

Du kannst sicher sein, dass es deinen Beuten meistens
hervorragend geht, wenn sie sich selbst überlassen
sind. Wenn du dir angewöhnst, sie zu früh und zu
häufig zu öffnen, richtest du mehr Schaden als Nutzen
an. Es ist ein schmaler Grat: Zu oft nach den Bienen zu
sehen ist genauso schädlich, wie zu selten.

Während der ersten Wochen solltest du aber auf
jeden Fall ein wachsames Auge auf deine Bienenstöcke
haben. Sie zu kontrollieren muss nicht mehr heißen,
als die Vorderseite jeder Beute genau zu beobachten
und sich zu vergewissern, dass dort Aktivität herrscht.
Wenn es hier kein munteres Kommen und Gehen gibt,
solltest du die Beute öffnen, um nachzusehen, was los
ist. Wie man das genau macht, wird in diesem Kapitel
erklärt.

Sobald sich die Bienen in der Beute angesiedelt
haben, ist es ratsam, alle zwei bis drei Wochen nach
ihnen zu sehen. Es ist möglich, sämtliche Fortschritte

mitzuverfolgen, ohne die Bienen zu sehr zu stören und ihr Zuhause unnötig durcheinanderzubringen. Natürlich kannst du diese Zeitabstände verringern, wenn du in einem der Bienenstöcke irgendetwas Ungewöhnliches bemerkst (mehr darüber in Kapitel 9). Andersherum wird es deinen Bienen nicht schaden, wenn du einmal eine Weile nicht nach ihnen sehen kannst. Bei extremen Wetterverhältnissen hast du aber eventuell Grund, dir Sorgen zu machen. Dann solltest du einen befreundeten Imker bitten, für dich nach den Bienen zu gucken. Aber davon abgesehen können die Bienen wunderbar auf sich selbst aufpassen.

Der beste Zeitpunkt zum Öffnen des Bienenstocks

Bienen sind geschäftige Tierchen – sie arbeiten beinahe den ganzen Tag. Zwischen 10 Uhr morgens und 6 Uhr abends sind die Beuten leerer als sonst: Tausende von Arbeiterinnen sind dann auf ihrem täglichen Arbeitsweg unterwegs. Dies ist der beste Zeitraum, um nach den Bienenstöcken zu sehen: Einfach, weil zu dieser Zeit weniger Bienen zu Hause sind und dadurch der Zugang erleichtert wird. Wenn du deinen Bienenstock während der morgendlichen oder abendlichen Rushhour öffnest, bist du mit ein paar Tausend zusätzlichen Bienen konfrontiert, die sich nichts mehr wünschen, als dass du sie und ihren Stock in Ruhe lässt. Es ist also besser, diese Zeiten zu meiden. Falls du aber nur dann vorbeikommen kannst, solltest du versuchen, die Bienen deine Anwesenheit so wenig wie möglich spüren zu lassen, indem du sowohl sehr vorsichtig als auch sehr schnell arbeitest – was natürlich leichter gesagt ist als getan.

Den Bienenstock öffnen

Einen Bienenstock für eine Kontrolle zu öffnen ist bemerkenswert einfach. Die Sache wird etwas komplexer, wenn der Stock erst einmal offen ist, denn man muss auf sehr viele Dinge gleichzeitig achten und dann noch versuchen, sich in Gedanken so viele Notizen wie möglich zu machen. Am besten wäre es natürlich, wenn man immer zu zweit arbeiten könnte: Einer beobachtet, was im Bienenstock vor sich geht, der andere schreibt die Beobachtungen auf. Falls das nicht möglich ist, mach ein paar Fotos und registriere ansonsten einfach so genau wie möglich, was in jedem Stock passiert, um es dann später in deinem Tagebuch festzuhalten.

Ich verfahre bei allen meinen Stöcken so, und bis jetzt haben sie sich gut entwickelt. Durch die Methode, mentale Notizen und ein paar Fotos zu machen, habe ich sehr viel über meine Bienenstöcke gelernt – einfach dadurch, dass ich mich intensiv darauf konzentriere, das, was ich sehe, gedanklich zu speichern.

Das Öffnen der Beute beginnt mit dem Abnehmen der Deckel. Dazu braucht man lediglich einen Stockmeißel und ein bisschen Kraft. Die Haube sollte leicht abgehen, aber beim Innendeckel muss man ziemlich friemeln, denn die Bienen neigen dazu, den Innendeckel mit Harz zu verkleben. An heißen Sommertagen wird man mit diesem wachsartigen Material aber ganz gut fertig, weil es durch die Wärme butterweich wird.

Sämtliches Harz, das dich daran hindert, die Rähmchen zu kontrollieren, kannst du einfach mit dem Stockmeißel entfernen. Den Stockmeißel habe ich schon in einem der vorherigen Kapitel beschrieben, aber ich kann nicht oft genug betonen, dass er für dich als Imker das wichtigste Werkzeug ist. Beim Öffnen und Kontrollieren der Beuten kommt der Stockmeißel nun voll zum Einsatz. Ohne ihn wird es echt schwierig,

Ich, mit Vierzehn!

die Rähmchen herauszuholen und sich den Bienenstock genauer anzusehen.

Wenn die Deckel ab sind, ist es am besten, sie so
auf den Boden zu stellen, dass sie gleichzeitig als Tisch
dienen können. Ich verfahre immer so, wenn ich eine
Beute öffne: Als erstes kommt mein Werkzeug auf die
saubere, glatte Oberfläche der aufgestellten Deckel.
Nun kannst du mit den Rähmchen anfangen. Wenn
man sie nach und nach herausholt, braucht man einen
Ort, wo man sie sicher und bequem abstellen kann,
während man tiefer in den Bienenstock vordringt. In
meinen ersten Imkerjahren habe ich sie einfach gegen
den Sockel der Beute gelehnt. Das war aber nicht wirklich bequem und hat mich ziemlich ausgebremst, deshalb benutze ich jetzt einen Rähmchenhalter, den man
einfach an eine Seite des Magazins hängen kann. Dieses schlichte Metallstück ermöglicht es, die Rähmchen
bequem zu deponieren, während man in der Beute
beschäftigt ist.

Den Bienenstock kontrollieren

Wenn ich im Innern des Stocks angelangt bin, hole ich
zuerst die äußeren Rähmchen heraus. Dadurch entsteht
Platz in der Beute und ich kann die übrigen Rähmchen
einfacher hin- und herbewegen. Dazu kommt, dass
ich durch das Anfangen mit den äußeren Rähmchen
sofort ein Gefühl dafür bekomme, in welchem Zustand
mein Bienenstock ist. Wenn die Bienen an den äußeren
Rähmchen aktiv sind, dann weiß ich, dass es der Beute
höchstwahrscheinlich gut geht. Aber wenn es an diesen Rähmchen wenig Verkehr gibt, fange ich an, mir
Sorgen zu machen.

An den äußeren Rähmchen lagern die Bienen
hauptsächlich Honig und Blütenstaub ab, gelegent-
lich findet man auch mal Larven. Bei ihrem Anblick

weißt du sofort, dass deine Beute gesund und munter ist. Die Königin legt nämlich den Großteil ihrer Eier in der Mitte jedes Magazins ab. Wenn du also auch am Rand Eier oder Brut findest, heißt das, dass die Königin fleißig legt. Nach dem Herausholen der äußeren Rähmchen kannst du dich langsam zur Mitte vorarbeiten. Die Eier der Königin haben übrigens eine frappierende Ähnlichkeit mit Reiskörnern. Am Anfang kann man sie schlecht erkennen, aber mit ein bisschen Übung wird es leichter.

In der Mitte jedes Magazins geht es am geschäftigsten zu, und in den mittleren vier Rähmchen finden sich Mengen an Honig, Pollen und Brut – und natürlich haufenweise Bienen. Beim Untersuchen eines Rähmchens denkt man am Anfang oft, dass es dort überhaupt keine Brut gibt. Sieh dann noch einmal ganz genau hin! Die unverdeckelte Brut ist weiß und ähnelt einer Ansammlung von Maden. Mach dir keine Sorgen, in kurzer Zeit werden diese kleinen weißen Wesen zu den uns vertrauten Honigbienen: schwarz-gelb gestreift und mit großen Flügeln. Wenn die Brut ausreichend gewachsen ist, ziehen die Ammenbienen über jede Zelle eine Wachsschicht. Die Wachsdeckel verhindern, dass Viren und Bakterien in die Zellen gelangen.

Nachzusehen, wie viel Brut sich in der Beute befindet, ist einer der wichtigsten Gründe, sie alle paar Wochen zu öffnen. Während dieser Kontrollen solltest du aber nicht nur nach der Brut, sondern auch nach Honig und Pollen Ausschau halten. Wenn du beides überall findest, aber nirgends Brut, könnte es sein, dass deine Königin gestorben ist. Das ist dann natürlich ein Problem.

Ohne eine fleißig Eier legende Königin kann man seinen Bienenstock innerhalb weniger Wochen verlieren. Ich bin immer total erleichtert, wenn ich in einer Beute eine Königin herumkrabbeln sehe. Man braucht

ziemliches Glück, um sie zu Gesicht zu bekommen, und immer wenn es dann passiert, ist es ein tolles Gefühl. Genauso froh bin ich, wenn ich viele frisch gelegte Eier auf einem Haufen finde. Sie sind das Produkt der harten Arbeit einer fruchtbaren und erfolgreichen Königin.

Früher oder später findet jeder Imker an einem oder mehreren Rähmchen sogenannte Weiselzellen. Diese besonderen Zellen errichtet ein Bienenvolk, wenn es eine neue Königin heranzieht. Es gibt verschiedene Gründe dafür, eine amtierende Königin zu ersetzen: Vielleicht legt sie nicht genug Eier, vielleicht ist sie geschwächt, oder sie ist einfach alt geworden. Nachdem die Königinnen geschlüpft sind, liefern sie sich einen Kampf auf Leben und Tod: die Stärkste von ihnen wird zur neuen Königin des Bienenstocks.

Als ich zum ersten Mal Weiselzellen in einer meiner Beuten entdeckte, ließ ich mich von meiner Neugier hinreißen. Ich konnte mir einfach nicht vorstellen, dass sich in dieser scheinbar komplett inaktiven Zelle eine echte Königin verbergen sollte. Naiverweise beschloss ich, eine der Zellen zu öffnen – einfach, weil ich gucken wollte, was da drinnen los war. Ich löste den Deckel von der Zelle und sah sofort, dass sich da drinnen etwas bewegte. Als ich dann vorsichtig noch etwas Wachs entfernte, krabbelte die Königin heraus. Kurz danach hockte eine frisch geschlüpfte Königin auf meiner Handfläche. Ich konnte es kaum fassen! Wahrscheinlich hatte ich einen Zeitpunkt am Ende der 24-tägigen Reifephase erwischt, denn sie sah schon komplett fertig und sehr gesund aus. Ich verfolgte begierig jede ihrer Bewegungen, während sie umherkrabbelte. Sie war wirklich prachtvoll: groß und mächtig. Ihr langer Körper war dazu gemacht, Eier zu legen, das sah man.

Als ich genug darüber gestaunt hatte, ein solches Wesen auf meiner Hand krabbeln zu sehen, machte ich

mir plötzlich Sorgen, dass ich womöglich gerade eine Königin getötet hatte. Hatte ich eine vollständig gesunde Königin meiner Neugier geopfert? Ich beschloss, nicht weiter darüber nachzudenken und sie lieber schnell zurück in die Beute zu setzen. Vielleicht konnte sie auf diese Weise am besten überleben. Zum Glück fand ich noch weitere Weiselzellen, die von einem anderen Rähmchen hingen – jede mit einer Königin in ihrem Innern. Meinem Bienenstock hatte ich also nicht geschadet. Ich habe durch die ganze Aktion jedenfalls mehr über die Bienenkönigin gelernt, als jedes Buch mir hätte vermitteln können.

Zusammenfassung: Den Bienenstock öffnen

— Normalerweise solltest du deinen Bienenstock alle zwei Wochen kontrollieren.

— Timing ist alles. Öffne die Beuten möglichst nicht während der morgendlichen oder abendlichen Rushhour.

— Vergewissere dich, dass du alle Werkzeuge und den Smoker zur Hand hast, bevor du anfängst.

— Fange mit den äußeren Rähmchen an und arbeite dich langsam ins Innere vor.

— Beobachte alles ganz genau, vergleiche deine Beobachtungen mit der letzten Kontrolle und notiere alle Veränderungen.

— Bewege dich langsam und vorsichtig!

7
**Die Bienen
füttern**

»Den Menschen gilt der Bienen Fleiß, und dennoch
Krümmen sie kein Blättchen an des Meisters Blüten
Und tasten ihre Schönheit nicht an.
So bleibt denn die Blume bestehen, und
der Honig fließt.

———

George Herbert

Die meiste Zeit können sich deine Bienen ohne Probleme selbst ernähren. Sie sind auf wundervolle Weise
autark und leben von dem Honig, den sie selbst herstellen. Trotzdem brauchen sie manchmal – vor allem
in den Wintermonaten, wenn die Honigvorräte zur
Neige gehen, der Stock eher klein ist oder die Bienen
vielleicht einfach nicht genug Vorräte anlegen konnten
– eine helfende Hand – wie wir alle.

Zuckerwasser

Weil Menschen natürlich nicht in der Lage sind, Honig
zu produzieren, nimmt man als Ersatz Zuckerwasser.
Du kannst diesen Sirup ganz einfach selbst herstellen,
indem du Zucker mit heißem Wasser im Verhältnis 1:1
vermischst. Ich nehme immer eine Tasse Wasser auf
eine Tasse Zucker. Wenn man die Bienen während der
wärmeren Monate füttert, sollte man den Sirup dünner
machen, also grob zwei Teile Wasser mit einem Teil
Zucker vermengen.

Die eigentliche Herstellung des Zuckerwassers
ist denkbar einfach: Erhitze das Wasser, bis es kocht,
schütte den Zucker dazu und rühre um, bis er sich auf-
gelöst hat. Gieße das Zuckerwasser dann in Gläser –
fertig ist es für die Bienenfütterung. Am besten bohrst

du kleine Löcher in den Deckel des Glases, stellst es auf den Innendeckel der Beute und deckst es mit einem leeren Magazin ab, um es vor der Witterung zu schützen. Die Löcher sollten weder zu klein noch zu groß sein – du willst ja mit dem Zuckerwasser den Bienenstock nicht fluten. Ich benutze einen kleinen Nagel, um Löcher in der richtigen Größe hinzubekommen.

Obwohl dieser schlichte Sirup ein toller Ersatz für fehlenden Honig ist, ist er keine ideale Nahrung für die Bienen. Man sollte also vorsichtig damit umgehen. Wenn man den Sirup bis spät in den Herbst oder sogar bis zum frühen Winter füttert, kann das für den Stock tödlich enden. Die Bienen müssen das Zuckerwasser »verdicken«, damit es nicht vergärt, und wenn sie dazu nicht genügend Zeit bekommen und es trotzdem im Stock als Vorrat anlegen, können sie davon krank werden. Außerdem kann das Wasser aus dem Sirup, wenn es draußen zu kalt ist, im Stock kondensieren und dadurch alle möglichen Probleme verursachen. Zum Beispiel kann die Feuchtigkeit in dem kalten Stock ansteigen – wie ich leider in meinem ersten Winter als Imker feststellen musste.

Ich kann mich noch genau daran erinnern. Es war ein heller Tag, Mitte Dezember. Ich hatte meine Jacke bis obenhin fest zugemacht und die Hose in meine Boots gesteckt. Es war zwar kalt, aber die Sonne sorgte hier und da für wunderbare kleine Wärmeinseln. Der Schnee knirschte unter meinen Boots, während ich zu den Bienenstöcken stapfte. Als ich zu der Lichtung kam, sah ich, dass die Stöcke komplett unter einer Schicht frischen, weißen Schnees verschwunden waren. Ich konnte nur die Giebel der Dächer sehen, die aus dem Schnee herausragten. Die unteren Stockwerke der Beute waren tief vergraben.

Sofort fing ich an zu arbeiten. Sobald ich den Schnee vom Dach der ersten Beute geschoben hatte,

schaufelte ich den Eingang frei. Als ein Großteil des Schnees beseitigt war, legte ich mein Ohr an die Beute – nichts.

Meine erste Befürchtung wurde bestätigt: Der Stock war verloren. Beim Aufstemmen der Haube wirbelte eine dünne Schneedecke auf. Als sie verflogen war, sah ich tausende, vollkommen still daliegende Bienen. Es war anders als alles, was ich bisher gesehen hatte. Der Stock, der sonst vor Lebendigkeit vibrierte, war nun voller toter Bienen. Innerhalb der Beute schimmerte es bläulich, es war kalt und ein bisschen feucht. Der Schnee, der den Stock unter sich begraben hatte, hatte dazu geführt, dass die Feuchtigkeit in seinem Inneren auf ein tödliches Niveau gestiegen war, und nun war mein erster Bienenstock verloren.

Am Anfang war ich sehr traurig. Ich gab komplett mir selbst die Schuld. Wie hatte ich zulassen können, dass etwas so Kraftvolles wie ein Bienenstock zwischen die Räder der gnadenlosen Natur geriet? War es nicht meine Aufgabe gewesen, ihn zu schützen? Erst später begriff ich, dass es Teil des Imkerlebens ist, mit solchen Verlusten fertig zu werden. Man muss lernen, zu akzeptieren, dass einige Bienenvölker überleben und andere sterben. Mein erster Bienenstock lehrte mich jedenfalls eine Menge über das Überleben des Stärkeren.

Kleinere Verluste sind ebenfalls unvermeidlich. Sogar, wenn du deinen Bienen nur einen kurzen Kontrollbesuch abstattest, wirst du versehentlich ein paar von ihnen zerquetschen. Aber Imker können es sich nicht erlauben, ihre Bienen als Individuen zu betrachten: Man muss an den Stock als Ganzen denken. Indem man regelmäßig die Beuten kontrolliert, beschützt man Zehntausende von Bienen – auch wenn man aus Versehen hier und da eine zerdrückt. Dies zu akzeptieren, war zweifellos das, was ich in meinen ersten Monaten

als Imker am schwierigsten fand. Niemand gab mir vor, auf solche Weise über meine Beuten zu denken, aber irgendwann wurde mir klar, dass es so am besten war.

Honig und Pollen

Entgegen dem allgemeinen Glauben ist Honig nicht die einzige Nahrung, die Bienen benötigen. Sie brauchen als Eiweißquelle auch Pollen. Aus diesem Grund solltest du nicht nur nach Honig, sondern auch nach Pollenvorräten Ausschau halten, wenn du deine Bienenstöcke kontrollierst. Genau wie den Honig lagern die Bienen auch den Pollen in den Wabenzellen ein. Er ist wegen seiner unverwechselbaren orangenen Farbe einfach zu erkennen – einfacher als das charakteristische Goldgelb des Honigs. Anders als Honig wird Pollen nicht immer auf die gleiche Weise gelagert und ist häufig über die Rähmchen verteilt, aber man findet ihn trotzdem leicht.

Wie wir Menschen nehmen auch die Bienen nicht ununterbrochen Nahrung auf. Es gibt Jahreszeiten, in denen sie mehr fressen und Jahreszeiten, in denen sie weniger fressen. Immer wenn es nötig ist, solltest du deine Bienen unbedingt füttern. Wann das so ist, ist allerdings nicht ganz einfach zu erkennen. Man braucht dafür viel Erfahrung, arbeite also am Anfang mit einem geübten Imker zusammen, der dir helfen kann, das, was im Bienenstock vor sich geht, zu interpretieren und daraufhin zu entscheiden, wann es Zeit ist, einzugreifen.

Die simple Siruplösung ist eine gute Nährstoffquelle. Wenn man einen Bienenstock verloren hat, in dem schon Honig eingelagert wurde, kann es außerdem eine gute Entscheidung sein, mit einigen dieser Honig-Rähmchen einem angeschlagenen Bienenvolk wieder auf die Beine zu helfen. Aber sei vorsichtig:

Wenn der andere Bienenstock an einer Krankheit oder an Schädlingsbefall gestorben ist, ist es keine gute Idee, die Rähmchen in einen gesunden Stock zu bringen, weil man damit auch die Schädlinge einschleppt. Außerdem ist es möglich, die Bienen mit Pollen zu füttern. Ich nehme dafür Pollenersatz, den man kaufen oder selbst herstellen kann.

Bienengärten

In den Sommermonaten wissen sich Bienen immer zu helfen und finden ihre Nahrung bei Blumen in der Umgebung. Falls du trotzdem das Gefühl hast, dass es in der Nähe deiner Bienen nicht genug Blumen gibt, könntest du darüber nachdenken, einen Bienengarten anzulegen.

Wenn du bienenfreundliche Blumen ziehst, kann das dazu beitragen, dass die Bienenstöcke in deiner Umgebung gut gedeihen, denn du stellst ihnen damit eine dauerhafte Nektar- und Pollenquelle zur Verfügung. Beim Einpflanzen der Blumen solltest du beachten, wann welche Pflanze blüht, sodass eine schöne Anordnung von Arten und gestaffelten Blütezeiten entsteht. Schließlich willst du ja sichergehen, dass deine Bienen vom Frühling bis zum Spätsommer gut mit Pollen versorgt sind. Pflanze heimische Pflanzen und entscheide dich eher für Blumen mit einzelnen Blüten als für solche mit vielblütigen, vollbepackten Blütenköpfen. Für mich gehören die folgenden Pflanzen unbedingt dazu: Fingerhut, Borretsch, Zitronenmelisse (auch als »Bienenkraut« bekannt!), Zinnie, Fetthenne, Goldrute, Ringelblume, Schmuckkörbchen, Sonnenhut und Taglilie. Wir selbst haben das Glück, dass bei uns in der Nähe auch noch Apfel-, Avocado-, Orangen- und Pfirsichbäume wachsen. Auch der Gewöhnliche Natternkopf (*Echium vulgare*), der im Hochsommer mit

seinen strahlend-blauen Blüten zahlreiche Bienen an-
lockt, ist eine gute Bienenpflanze, genau wie Beinwell,
Heckenkirsche, sowie Rotklee und Weißklee. Vermeide
Pflanzen, die wenig oder gar keinen Pollen und Nektar
produzieren, wie zum Beispiel das Stiefmütterchen.

Du kannst dir aber auch ein paar kleine Blumen-
töpfe mit unterschiedlichen Blütenpflanzen hinstellen –
ein großer Garten ist also gar nicht notwendig.

Was du in deinem Garten auf jeden Fall vermeiden
solltest, sind Pestizide, denn fast alle von ihnen schaden deinen Bienen. Diese Produkte werden auch oft
unter Namen wie »Schädlingsfrei« oder ähnlichem
angeboten.

Zusammenfassung:
Die Bienen füttern

— Im Allgemeinen sind Bienen sehr autark,
   was ihre Ernährung angeht.

— Sie produzieren und lagern Honig,
   um durch die Wintermonate zu kommen.

— Du musst ihnen aber zur Seite stehen, wenn du das
   Gefühl hast, dass sie nicht allein zurechtkommen.

— Am besten funktioniert als Futter
   eine einfache Zuckerlösung.

— Pflanze einen Bienengarten!

8
**Das erste
Jahr**

»Ihre Arbeit ist Gesang
Ihr Müßiggang ein Lied
Was gäb ich für ein Bienenleben
Voll Klee und Mittagslicht!«

———

Emily Dickinson

**Was hast du als Imkerneuling zu erwarten?
Die ersten zwölf Monate könnten etwa so aussehen:**

Winter

Wie alles, womit man sich unter freiem Himmel beschäftigt, ist auch die Bienenhaltung stark von den
Jahreszeiten abhängig. Dabei ist der Winter naturge-
mäß die schwierigste Phase, und es kann vorkommen,
dass dir ein Volk vor Kälte eingeht. Es gibt Möglichkeiten, deine Bienen auch durch einen besonders
harten Winter zu bringen – idiotensicher sind diese
Maßnahmen aber nicht.

Als ich meine ersten drei Bienenvölker erstanden
hatte, war ich fest überzeugt, dass sie es durch den
Winter schaffen würden. Ich dachte: »Gegen die paar
Minusgrade werde ich schon ankommen.« Doch die
Wahrheit ist: So widerstandsfähig Bienen auch sein
mögen, einen extrem kalten Winter vertragen sie nicht.
Dort, wo ich lebe – in Newburyport, Massachusetts –
war der Winter 2013/14 extrem kalt. Von meinen drei
Völkern, mit denen ich in den Winter ging, überlebte
nicht eins. Dabei traf ich besondere Vorkehrungen.
Nach heftigem Schneefall schaufelte ich die Beuten
ringsum frei, um zu große Feuchtigkeit zu verhindern.

Ich umkleidete die Magazine mit Teerpapier, um die Temperatur einigermaßen zu kontrollieren.

Zur Isolierung legte ich eine Styroporplatte unter den Innendeckel. Doch vergebens: der Winter war einfach zu lang und zu eisig. Ich ahnte schon, was mich erwartete – trotzdem, immer wenn ich eine Beute öffnete und von drinnen kein Laut kam, packte mich riesige Enttäuschung.

Frühling

Zum Glück sind der Frühling und der Sommer sehr viel freundlichere Jahreszeiten für Bienen. Im Frühling muss man eigentlich nur Kontrollbesuche bei den Beuten machen. Klar ist immer mal etwas auszubessern, doch verglichen mit den Wintervorbereitungen ist das im Grunde keine Arbeit. Wenn dir ein Volk über den Winter eingegangen ist, muss die Beute gesäubert und wiederhergerichtet werden. Normalerweise kann man die alten Rähmchen und Zargen für einen neuen Bienenstock verwenden. Wenn die Bienen aber von einem Virus, von Bakterien oder Milben befallen waren, solltest du die Teile lieber ersetzen.

Sommer

Im Sommer kümmere ich mich vor allem darum, dass sich die Bienenstöcke nicht zu stark aufwärmen – daher auch mein Ratschlag, die Beuten vor eine Baumreihe oder ein paar hohe Sträucher zu stellen, damit sie Schatten bekommen. Wenn es im Stock zu heiß wird, müssen die Bienen sehr viel Energie aufwenden, um die Waben zu kühlen, und darunter kann der Allgemeinzustand des Bienenstocks leiden.

Schwarmtrieb

Im Frühjahr kommt es öfter mal vor, dass die Königin mit einem Schwarm Arbeiterbienen den Stock verlässt und sich nach einem neuen Nest umschaut. Auf diese Weise regelt ein Bienenvolk sein Wachstum.

Das neue Nest ist meistens in der Nähe, in einem Baum oder in einem toten Stamm. Wichtig ist vor allem, dass der neue Standort genügend Arbeiterinnen aufnehmen kann und der Schwarm vor Wind und Wetter geschützt ist. Imker versuchen das Schwärmen zu verhindern, denn das Volk wird dadurch geschwächt. Die Brutphase wird unterbrochen und die zurückbleibenden Bienen produzieren weniger Honig.

Es gibt Methoden, mit denen du den Schwarmtrieb dämpfen und eine Stockteilung verhindern kannst. Irgendeine Schwarmkontrolle sollte jeder Imker beherrschen. Wichtig dabei ist, nach Weiselzellen Ausschau zu halten. Wenn nämlich neue Königinnen herangezogen werden, deutet das darauf hin, dass sich das Volk teilen will. Man kann die Königinnenzellen vorsorglich entfernen, wenn man nicht davor zurückscheut, in die natürlichen Abläufe des Bienenstocks einzugreifen. Ich finde immer, dass das Bienenvolk am besten weiß, was es benötigt. Wenn der Grund für das Abschwärmen Überfüllung oder eine unzureichende Belüftung ist, kannst du vorbeugen. Sorge dafür, dass immer ausreichend Brutplatz vorhanden ist, denn vor allem Enge drängt die Bienen zur Stockteilung. Zusätzlich solltest du auf ausreichenden Luftaustausch achten. Freuen kann dich als Imker jedenfalls, dass ein schwarmbereiter Stock absolut gesund und aktiv ist.

Du kannst verhindern, dass sich der Bienenstock zu sehr aufheizt, indem du frisches Wasser bereitstellst und es wöchentlich erneuerst – falls du die einzige Wasserquelle für deine Bienen bist. Ideal ist natürlich, wenn die Beuten in der Nähe eines Sees oder Teichs stehen und die Bienen ständig Zugang zu frischem, sauberem Wasser haben, mit dem sie ihren Bau kühlen können. Obwohl meine Bienen ein Gewässer erreichen können, versorge ich sie das ganze Jahr mit Wasser. Ich habe den Eindruck, dass sie so gesünder, glücklicher und produktiver sind.

Wasser bereitstellen heißt aber nicht, einfach einen vollen Eimer vor den Beuten zu platzieren. Die Bienen würden durch die Oberflächenspannung im Eimer gefangen und ertrinken. In meinem ersten Jahr an der Uni wurden Bienenstöcke auf dem Campus aufgestellt, um die ich mich mit anderen Bieneninteressierten kümmerte. Auf dem Unigelände befindet sich aber auch ein offener Swimmingpool, in dem sich die Studenten im Sommer abkühlen. Dadurch ergab sich ein interessantes Problem: Immer wieder flogen Bienen in großen Mengen zu dem Becken und setzten sich aufs Wasser. Die planschenden Studenten waren auf einmal umringt von Bienen. Sie stürmten aus dem Becken und riefen: »Orren, hol die Brummer hier raus!«

Herbst

Am Ende des Sommers, kurz vor Herbstbeginn, wirst du wahrscheinlich feststellen, dass sich dein Volk etwas verkleinert: Die Drohnen sterben nämlich nach und nach weg. Das ist ein natürlicher Prozess. Es werden keine Drohnen mehr aufgezogen, weil sie mit Abstand am meisten Honig pro Kopf verbrauchen.

Der Herbstanfang ist der perfekte Zeitpunkt, um mit den Wintervorbereitungen zu beginnen. Wenn du

Honig erntest, lass mindestens 35 bis 45 kg als Winternahrung für die Bienen zurück. Das ist extrem wichtig. Denn in der ersten Begeisterung könnte man versucht sein, zu viel Honig zu ernten. Entnimm aber immer eher zu wenig als zu viel – nächstes Jahr gibt es ja wieder neuen!

Zu Herbstbeginn fange ich meistens auch an, meinen Bienen Zuckerwasser zu geben (siehe Kapitel 7). Die Auffütterung liefert dem Volk so viel Energie, dass es die Honigvorräte nicht vorzeitig anbricht. Beobachte aber genau, wie schnell das Zuckerwasser verschwunden ist: Wenn es zu schnell geht, lagern es die Bienen womöglich ein. Das kann gefährlich sein. Ich habe einige Male erlebt, dass Völker Zuckerwasser bevorraten, und in einem Fall sind die Bienen daran eingegangen.

Einfacher Zuckersirup hat nicht dieselben antibakteriellen und antiseptischen Eigenschaften wie Honig. Daher kann in einem Stock mit Zuckerwasservorräten schnell Schimmel oder Mehltau entstehen. Aus diesem Grund ist in den kälteren, ohnehin feuchteren Monaten ein ausreichender Luftaustausch so wichtig.

Wenn du die Gefahr zu großer Feuchtigkeit gebannt hast, geht es noch darum, deinen Bienen eine ausreichend warme Behausung zu schaffen, bevor der Winter hereinbricht. Imker aus wärmeren Regionen, in denen die Temperaturen selten unter Null fallen, können sich diese Vorkehrungen sparen. Meine in Massachusetts stehenden Beuten umgebe ich jedenfalls mit Teerpapier, bevor es frostig wird. Das Papier dient als Windschutz und fängt die Wärme der Sonne ein.

So kann ich meinen Bienen helfen, den Stock warmzuhalten. Hier bewährt sich noch einmal der richtige Standort, denn idealerweise werden die Beuten morgens von der Sonne beschienen und stehen nachmittags im Schatten. Auf diese Weise wird den Bienen im

Winter nicht zu kalt und im Sommer nicht zu warm. Wenn du in wärmeren Regionen mit relativ lauen Wintern zuhause bist, dann achte am besten auf genügend Schatten. Wenn deine Bienen aber einen langen und strengen Winter zu erwarten haben, dann versorge sie mit viel Sonnenlicht, um ihnen über die Kälte hinwegzuhelfen. Eine extremere Maßnahme wäre, die Beuten jeweils woanders aufzustellen. Das habe ich noch nie ausprobiert, kommerzielle Imker aber kutschieren ihre Bienen regelmäßig von den kalifornischen Avocados zu den Blaubeeren in Maine.

Zusammenfassung: Das erste Jahr

— **Im Frühling:** Jetzt werden die Bienenstöcke nach dem Winter in Schuss gebracht.

— **Im Sommer:** Achte darauf, dass die Beuten sich nicht aufheizen und deine Bienen Zugang zu Wasser haben.

— **Herbst:** Zeit für die Honigernte! Lass deinen Bienen jedoch ausreichend Wintervorräte – evtl. muss mit Zuckerwasser aufgefüttert werden.

— **Winter:** Die Bienenstöcke werden für den Winter vorbereitet, indem du z. B. die Beuten isolierst.

9
**Krankheiten
und Schädlinge**

> »Was dem Schwarm nicht nützt,
> das nützt auch der einzelnen Biene nicht.«
>
> ———
>
> Marc Aurel

KRANKHEITEN UND SCHÄDLINGE

Als Imker ist deine Hauptaufgabe, deine Bienen vor Krankheiten und Schädlingen zu schützen, die den Stock ernsthaft gefährden könnten.

Amerikanische Faulbrut

Die AFB ist die tödlichste aller Bienenkrankheiten. Wie ihr Name schon sagt, befällt sie die Bienenbrut, die daraufhin stirbt oder so stark geschwächt wird, dass sie kurz nach dem Schlüpfen eingeht. Die Bakterien greifen die junge, noch nicht 24 Stunden alte Brut an – dabei wird aus der gesunden weißen Farbe der Maden ein lebloses Braun. Die Larven sterben schon kurz nach dem Befall der Zelle, denn die Bakterien vermehren sich sehr schnell. Die Infektion verteilt sich über die Wabe, weil die Ammenbienen sie beim Füttern weitertragen. Ein von Faulbrut befallenes Nest sieht fleckig aus, da die abgestorbene Brut dunkler ist als die gesunde. Ein weiteres Krankheitsanzeichen sind eingesunkene Zellendeckel (bei einer gesunden Wabe sind sie leicht vorgewölbt). Zudem entsteht durch die AFB ein unangenehmer Geruch, an dem erfahrene Imker einen Befall erkennen.

Europäische Faulbrut

Auch die EFB ist eine bakterielle Infektion. Man erkennt sie an einem sauren Geruch und einer faden-
ziehenden braunen Masse in den befallenen Zellen.
Europäische und amerikanische Faulbrut sind zwei
Paar Schuhe! Zwar werden beide durch Bakterien
verursacht, aber da enden die Gemeinsamkeiten auch
schon. Das erste Anzeichen für einen Befall mit EFB ist
ein lückenhaftes Brutmuster. Steckt man ein Streich-
holz in eine infizierte Zelle, bleibt eine fadenziehende,
säuerlich riechende Masse dran kleben. Eine eindeu-
tige Diagnose muss dann ein Landesuntersuchungsamt
oder ein Bieneninstitut stellen.

Achtung

Wegen ihrer raschen Verbreitungsgefahr sind AFB
und EFB anzeigepflichtige Tierseuchen. Allein der
Verdacht auf einen Befall muss beim Veterinäramt
gemeldet werden.

Kalkbrut

Kalkbrut ist eine weitere schlimme Brutkrankheit,
die ein Bienenvolk vernichten kann, wenn man nicht
entsprechend mit ihr umgeht. Die meisten Bienenstöcke werden irgendwann von Kalkbrut befallen. Ein
gesundes Volk kann die Infektion unbeschadet über-
stehen – so war es zum Glück auch bei meinen Bienen.
Der Kalkbrut-Pilz infiziert heranwachsende Larven,
indem sich die Sporen an die Nahrung heften, die dem
Bienennachwuchs von den Ammen verabreicht wird.
Wenn die Larve wächst, nimmt die Zahl der Sporen
zu, bis die junge Biene daran stirbt. Kalkbrut heißt die

Krankheit wegen der weißen, versteinerten Maden. Zuerst sehen diese aus wie kleine Wattebäusche, nach einer Weile verwandeln sie sich in gräuliche, vertrocknete Mumien.

Kalbrut-Sporen sind hoch infektiös. Wenn man Teile eines befallenen Bienenstocks für eine neue Beute verwendet, bricht die Krankheit unweigerlich wieder aus. Erfahrene Imker sagen sogar, dass die Sporen von Sammelbienen übertragen werden. Sie heften sich an den Pollen, und wenn eine Biene aus einem Stock in der Umgebung auf derselben Blüte landet, wandern die Sporen von einer Beute in die andere. Wegen der hohen Ansteckungsgefahr ist Kalkbrut bei Imkern sehr gefürchtet – sie ist besonders verheerend, wenn man mehrere Bienenvölker im näheren Umkreis stehen hat. Soweit ich weiß, gibt es kein wirksames Mittel gegen Kalkbrut. Wenn man sie bei einem Volk entdeckt, kann man sie nur in den Griff bekommen, indem man infizierte Rähmchen austauscht und beim Wechsel zwischen den Beuten extrem vorsichtig ist.

Sackbrut

Wie die ersten beiden Brutkrankheiten befällt auch die Sackbrut die unverdeckte Zelle und zerstört die Larve. Anschließend füllt sich die Zelle mit Flüssigkeit. Sackbrut wird durch einen Virus hervorgerufen, ihr erstes Symptom ist eine abgestorbene Brut mit gräulichen statt hellweißen Maden. Die Madenhaut verhärtet sich, das Innere sieht wässrig und körnig aus. Sackbrut wird man nur los, wenn man »umweiselt«, also die Königin austauscht.

Varroa-Milben

Alle Bienenstöcke haben Varroa-Milben, nur ist der
Befall manchmal eben schlimmer. Wenn du nicht sicher
bist, wie es um die Milben in deinem Bienenstock steht,
gibt es eine ganz einfache Möglichkeit, das herauszu-
finden: Durch die Bewegungen der Bienen fallen oft
Varroa-Milben herab und landen auf dem Boden der
Beute. Mit einem normalen Bodenbrett lässt sich der
Milbenbefall nicht analysieren. Wenn das Brett (das im
Winter vor Zugluft schützt und die Wärme in der Beute
hält) im Frühsommer durch ein Bodengitter ersetzt
wird (das für Luftaustausch und ausreichende Kühlung
sorgt), kannst du das Varroa-Milbenproblem besser be-
urteilen – nämlich mit einer sogenannten Gemülldiag-
nose. Im Imkerhandel gibt es Bodenwannen, mit denen
du die herabfallenden Milben zählen kannst. Wenn
innerhalb von 24 Stunden mehr als 100 Varroa-Milben
in der Wanne landen, hast du ein ernsteres Problem.
Die beste Gegenmaßnahme ist ein Bodengitter, durch
das die Milben aus der Beute herausfallen.

Schädlinge

Weniger bedrohlichen, dafür aber unerwarteten Be-
such bekommen deine Bienen von Schädlingen. Damit
meine ich keine Hornissen, Wespen oder andere Fress-
feinde, sondern Mäuse, Ameisen und harmlose Tiere,
die deine Bienen fast genauso mögen wie du.

Schon oft habe ich eine Beute geöffnet und darin
eine in Bienenharz verpackte Maus – oder besser:
eine Mausmumie – entdeckt. Meine Beuten stehen am
Feldrand, in Waldesnähe, wo viele Mäuse wohnen. Sie
kommen offenbar einfach angelaufen und schlüpfen
unter die Beuten. Erst nisten sie unter dem Bodenbrett,
dann klettern die kleinen Mäuse in den Stock. Und dort

werden sie von den Bienen nicht gerade freundlich empfangen.

Schädlinge, die ich bei meinen Bienen fast immer antreffe, sind Ameisen. Sie werden vom Honig angezogen. Dann bauen sie am, unter oder gar im Bienenstock ein kleines Nest. Die Ameisen scheinen die Bienen nicht besonders zu stören und sie richten auch keinen größeren Schaden an – lästig sind sie aber allemal.

Zusammenfassung:
Krankheiten und Schädlinge

— Mit Krankheiten und Schädlingen hat früher oder später jeder Imker zu tun.

— Sowohl die Amerikanische als auch die Europäische Faulbrut müssen gemeldet werden!

— Durch regelmäßige Kontrollen und gute Pflege bekommt ein Imker die meisten Probleme in den Griff.

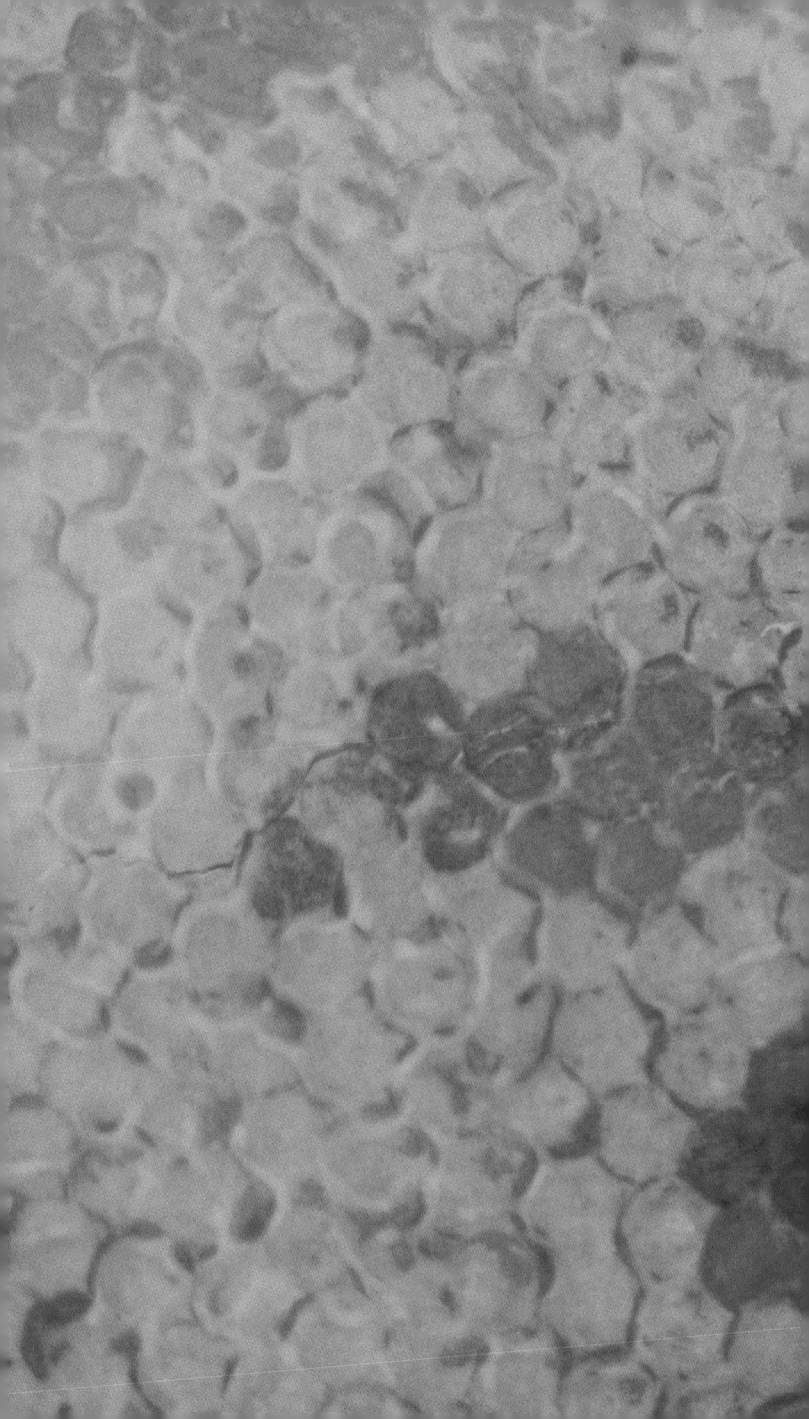

Honigernte!

»Ein Drittel deiner Nahrungsmittel
verdankst du der Honigbiene.«

———

Anonym

**Jetzt kommen wir zu dem, worauf alle gewartet haben:
Honig! Manche halten Bienen, weil sie das Imkern
fasziniert, andere tun es der Umwelt zuliebe, wieder
andere haben es besonders auf den Honig abgesehen.**

Was auch immer deine Motivation sein mag: Die erste
Honigernte ist ein absoluter Glücksmoment. Ich weiß
noch genau, wie ich zum ersten Mal Waben entdeckelt
habe und das flüssige Gold aus den Zellen getropft ist.
Ich habe einen Tropfen mit dem Finger aufgefangen
und den allerersten Honig meiner Bienen probiert –
und er hat tausendmal besser geschmeckt als jeder
Honig vorher.

Die Geschichte des Honigs

Honig ist eine kraftvolle Substanz. Seit Jahrhunderten
wird er zum Süßen, aber auch als Heilmittel genutzt.
Die alten Ägypter buken Honigkuchen, mit denen sie
die Götter besänftigen wollten. Die Griechen verwende-
ten Honig als Medizin – er soll unter anderem Husten
lindern, Wunden heilen, das Immunsystem stärken und
bei Heuschnupfen helfen.

Die antibakterielle Eigenschaft von Honig unter-
stützt nicht nur die Wundheilung – sie verhindert auch,

dass Honig schlecht wird. Länger gelagerter Honig kristallisiert und verändert damit seine physikalischen Eigenschaften, er bleibt aber absolut genießbar.

Honigsorten unterscheiden sich durch Farbe und Textur, Geschmack und Duft. Manchmal kann man herausschmecken, welche Blumen die Bienen angeflogen haben, um den Honig zu machen. Der Honig aus dem Umkreis der Orangenplantagen in Kalifornien hat jedenfalls eine deutliche Orangennote.

Der Honig aus meinen Stöcken in Massachusetts soll nach Äpfeln, Pfirsichen und Meer schmecken. Eine wunderschöne Beschreibung, wie ich finde. Die Mischung klingt köstlich – obwohl meine Bienen auf dem Atlantik bestimmt nichts Verwertbares finden. Ich ernte meinen Honig meist zum Ende des Sommers, und in einem guten Jahr bekomme ich etwa 25 kg aus jedem Bienenstock.

Die Erntetechnik

Bei der Honigernte sind verschiedene Dinge zu beachten. Zuerst einmal solltest du schon Wochen vorher überlegen, ob dein Bienenstock überhaupt verträgt, dass ihm Honig entnommen wird. Wenn alles rund läuft und die Bienen gesund sind, dürfte nichts dagegen sprechen, wenn der Stock aber gerade erst eingerichtet wurde oder irgendwie schwächelt, kann es sinnvoll sein, den Bienen den Honig noch einmal zu lassen. Geerntet wird meist zum Sommerende bzw. Herbstanfang. Du musst aber dafür sorgen, dass deinem Volk genügend Honigvorräte bleiben, damit es durch den Winter kommt. Zu viel Honig aus einem Bienenstock zu holen ist ungefähr das Schlimmste, was ein Imker tun kann! Denn dann nimmst du in Kauf, dass die Bienen verhungern.

Wenn du meinst, dass dein Bienenvolk die Honigentnahme verkraften kann, wird zur Vorbereitung eine Honigzarge auf die Brutraumzarge gesetzt. Die Honigraumzarge ist kleiner als die Brutraumzarge, damit sie sich noch tragen lässt, wenn sie voller Honig ist – sie wiegt auch dann noch 25–30 kg. Eine große Zarge voller Honig könnte man nicht mehr heben, außerdem würden große Rähmchen unter der Last brechen, wenn man den Honig aus den Waben schleudert.

Manche Imker setzen ein Absperrgitter zwischen Honigraum und Brutraum, damit die Königin nicht in den Honigraum gelangt und dort Eier ablegt. Wie weiter oben erwähnt, kann dies aber das Arbeitstempo der Bienen verlangsamen. In letzter Zeit habe ich auf eine Königinnensperre verzichtet, was zum Glück keine negativen Auswirkungen hat. Bisher habe ich keine Eier im Honigraum gefunden und meine Bienen stellen reichlich Honig her.

Wenn deine Bienen den Honigraum mit ihren Vorräten gefüllt haben, nimmst du die Zarge vorsichtig ab und bringst sie an einen Ort, an dem du ordentlich Dreck machen kannst – perfekt wäre eine Garage. Davor aber musst du noch deine Honigmacher loswerden. In dem Honig, den du ernten willst, stecken Monate unermüdlicher Arbeit deiner Bienen. Es wird schwer, jede einzelne Biene aus dem Honigraum zu vertreiben, bevor du ihn wegträgst, doch erleichtert es das Ernten ungemein, wenn du nicht ständig von einem Schwarm Bienen gestört wirst.

Ich setze etwas Rauch ein, bevor ich die Honigraumzarge abnehme, damit kann ich schon eine Menge Bienen verscheuchen. Dann fege ich die Bienen von den einzelnen Rähmchen und schüttle sie zurück in die Beute. Dabei halte ich die Rähmchen immer über den Brutraum. Das hat zwei Gründe: Wenn man kein Absperrgitter verwendet, könnte sich die Königin im

Honigraum befinden. Wenn man nun die Rähmchen einfach irgendwo abfegt, könnte die Königin herunterfallen. Sie landet dann NICHT im Stock und man hat ein ECHTES Problem. Zweitens beruhigen sich die Bienen schneller, wenn sie zurück in den Stock finden, und es gibt weniger Verletzungen.

Entdeckeln und Schleudern

Zur Honigernte leiht man sich am besten eine Schleuder. In sie hinein kommen die entdeckelten Waben, der Honig wird aus den Zellen geschleudert und sammelt sich am Boden des Kessels.

Ich verwende zwei Werkzeuge zum Entdeckeln der Wabenzellen: Ein Elektromesser mit beheizter Schneide, die sich leicht durchs Wachs ziehen lässt, und eine Entdeckelungsgabel, mit der man die Zelldeckel flach abhebt. Die Prozedur ist ziemlich einfach, kann aber ganz schön klebrig werden, da ständig Honig heruntertropft.

Die entdeckelten Waben werden in den Schleuderkorb der Zentrifuge gestellt. Und dann muss gekurbelt werden, was das Zeug hält, um auch wirklich allen Honig herauszubekommen. Das dauert eine Weile, weil Honig so dickflüssig ist, aber am Ende sammelt sich eine ordentliche Menge am Boden der Zentrifuge. Der Honig wird noch gefiltert, um Wachsteilchen und Verunreinigungen zu entfernen, bevor er in die Gläser kommt.

Zum Ende öffnet man das Ventil unten an der Zentrifuge und kann zuschauen, wie der Honig heraussickert. Wenn du an diesen Punkt gelangt bist, ist es die pure Freude. Ich weiß noch, wie glücklich ich war, als die vielen Stunden harter Arbeit in ein Glas mit goldgelbem Honig flossen!

Honigarten

Honig gibt es als Wabenhonig, Schleuderhonig, festen Honig und Scheibenhonig.

Wabenhonig besteht aus mit Honig gefüllten reinen Wachswaben, die nicht entdeckelt sind. Das Bienenwachs kann mitgegessen werden.

Schleuderhonig entsteht, wenn die Waben wie oben beschrieben entdeckelt und geschleudert werden.

Fester Honig hat einen hohen Traubenzuckeranteil und kristallisiert schnell. Dadurch hat er eine cremigere und streichbare Konsistenz.

Beim **Scheibenhonig** wird ein Stück Wabe in ein Glas gegeben und mit flüssigem Honig umgossen – eine wirklich hübsche Abfüllweise.

Das Wichtigste bei der Honigernte:

Lass deinen Bienen genug Honig! Etwa 15–25 kg Honig müssen im Stock bleiben. Im Winter ist dieser Honigvorrat die einzige Nahrungsquelle für dein Volk.

Zusammenfassung: Honigernte!

— Honig wird seit Jahrtausenden als Süßungs- und Heilmittel verwendet.

— Achte darauf, dass dir die Königin beim Ernten nicht abhandenkommt!

— Leihe dir für den Sommer eine Honigschleuder.

— Sorge unbedingt dafür, dass du den Bienen genug Vorrat lässt, wenn du Honig aus deinem Stock entnimmst!

11
Rezepte

»›Tja‹, sagte Pu, ›was ich am liebsten tue …‹
Und dann musste er innehalten und nachdenken.
Denn obwohl Honig essen etwas sehr Gutes *war*,
was man tun konnte, gab es doch einen Augenblick,
kurz bevor man anfing den Honig zu essen,
der noch besser war als das Essen, aber er wusste
nicht, wie der hieß.«

———

A. A. Milne:
Pu baut ein Haus

Rezepte

Super knuspriges Honigmüsli

Dieses Rezept stammt von Mollie Katzen, Autorin der Bücher *Mooswood Cookbook* und *The Heart of the Plate*. Für meinen Honig hat sie die folgenden sehr freundlichen Worte gefunden!

»In jedem goldenen Tropfen schmecke ich die Quellen des Nektars, die Luft, den Atlantik und die Hingabe eines jungen und engagierten Imkers und Landwirts. Orrens ›BeeHappy‹-Honig ist das Ergebnis liebevollster Arbeit: Er enthält das Aroma der Freude.«

Zutaten
3 Tassen Haferflocken
1 Tasse Gerstenflocken*
1 Tasse Haferkleie
1 Tasse Sonnenblumenkerne
1 Tasse gehackte Mandeln
¾ Tasse Rapsöl
½ Tasse Honig
1 EL Vanilleextrakt
1 Tasse Sojaproteinpulver
½ TL Salz
⅓ Tasse (weicher) brauner Rohrzucker
1 Tasse Kürbiskerne (kein Muss, aber sehr lecker!)
Backpapier

  * *Wer keine Gerstenflocken bekommt, kann auch Weizenflocken kaufen. Oder man nimmt einfach 4 Tassen Haferflocken.*

1. Den Ofen auf 160 °C vorheizen (Gas: Stufe 3). Ein Backblech (Größe: 33 × 45 cm) mit Backpapier auslegen.

2. Die Flocken, die Kleie, die Sonnenblumenkerne und die Mandeln in einer großen Schüssel gut durchmischen.

3. Das Öl, den Honig und den Vanilleextrakt verquirlen und in die große Schüssel gießen. Alles gründlich vermengen, wenn nötig, mit den Händen.

4. Das Sojaproteinpulver und das Salz zugeben und wieder gründlich durchmischen. Auch diesmal gern mit den Händen!

5. Die Mischung auf das Backblech geben und 35 bis 45 Minuten goldbraun backen. Während des Backens ein- oder zweimal wenden.

6. Aus dem Ofen nehmen und sofort mit Zucker bestreuen, sodass der Zucker schmelzen kann. Auf dem Backblech abkühlen lassen und die Kürbiskerne hinzufügen. *Wichtig: Das Müsli wird erst mit dem Abkühlen knusprig!*

7. Das fertige Knuspermüsli in einem fest verschlossenen Gefäß im Gefrierfach aufheben, damit es schön frisch bleibt. Die Menge passt gut in zwei 300 g-Gläser.

Variante
Knuspermüsli mit Beeren
Man kann kurz vor dem Einfrieren noch in Scheiben geschnittene Erdbeeren, frische Himbeeren oder Blaubeeren dazugeben: Nachdem das Knuspermüsli abgekühlt ist, vorsichtig zwei Tassen Beeren unterheben, bis das Müsli die Beeren wie eine schützende Hülle umgibt. Dann alles behutsam in Gefäße geben. Die Gefäße fest verschließen und einfrieren. Die Beeren bleiben auf diese Weise wunderbar frisch und tauen in der Müslischüssel schnell auf, wenn man Milch dazugibt.

Energieriegel

Dieses Rezept stammt von Sally Sampson,
der Gründerin von *ChopChopKids*.

*»Die Riegel aus Früchten und Nüssen sind ganz
einfach zu machen (auch Kinder kriegen sie hin!).
Man kann sie außerdem gut variieren. Du magst
Pekannüsse besonders gerne? Dann nimm für dieses
Rezept ausschließlich Pekannüsse! Du bist mehr der
Nussmischungstyp? Dann nimm gemischte Nüsse!
Probiere die Riegel immer wieder mit unterschiedlichen Zutaten aus: Wir finden, dass sie auch mit
gerösteten Sesamsamen, Sonnenblumenkernen
und/oder Kürbiskernen anstelle einiger Nüsse toll
schmecken. Leider misslingen diese Riegel manchmal:
Sie werden dann nicht richtig fest, sondern bleiben
krümelig. Wir haben noch nicht herausbekommen,
woran das liegt, aber wenn es passiert, streu die
Mischung einfach über Früchte oder Jogurt und
nenn das Ganze »Knuspermüsli«.*

Zutaten
½ Tasse leicht angeröstete Nüsse (eine einzige Sorte oder eine
   Mischung aus Mandeln, Walnüssen und Pekannüssen)
¾ Tasse getrocknete Früchte (eine einzige Sorte oder
   eine Mischung aus Rosinen, Korinthen, getrockneten
   Cranberrys, oder kleingehackten getrockneten Datteln,
   Pflaumen, Aprikosen oder Pfirsichen)
¾ Tasse Instant-Haferflocken
¾ Tasse Puffreis-Müsli
2 EL ungesüßte Kokosflocken (wenn du magst)
½ Tasse Mandel- oder Erdnussmus
¼ Tasse Honig
½ TL Vanilleextrakt

1. Eine Backform mit Backpapier auskleiden und genug überhängen lassen, damit man damit später die Riegel bedecken kann. (Man braucht insgesamt ein Stück, das etwas mehr als doppelt so groß ist wie der Boden der Backform.)

2. Nüsse zum Rösten auf ein kleines Kuchenblech geben und bei 180 °C (Gas: Stufe 4) backen, bis sie angenehm duften und eine Spur dunkler sind. Das dauert etwa 5 Minuten.

3. Die Nüsse, die Trockenfrüchte, die Instant-Haferflocken, den Puffreis und die Kokosflocken in eine Schüssel geben und gut durchmischen.

4. Mandel- oder Erdnussmus zusammen mit dem Honig in einer kleinen Schüssel in die Mikrowelle stellen, bis das Mus weich ist. Das dauert etwa 30 Sekunden (je nach Mikrowelle). Glattrühren. Die Vanille zugeben und noch einmal glattrühren.

5. Die Mischung über die Nüsse in der großen Schüssel gießen, alles mit einem großen Löffel gut durchrühren.

6. Die Mischung in die vorbereitete Backform geben und sehr fest nach unten drücken. Die Riegel sollten gut zusammenhalten und nicht luftig sein. Mit dem überhängenden Backpapier die Riegel vollständig zudecken, dann mit Frischhaltefolie fixieren. Für mindestens 4 Stunden und höchstens eine Woche in den Kühlschrank stellen.

7. Mit einem Messer in 16 Teile schneiden.

Honig-Senf-Dressing

Dieses Rezept stammt von mir selbst.

———

Zutaten
5 EL Honig
3 EL Dijon-Senf
2 EL Essig

———

Alle Zutaten zusammengeben und verquirlen.

Man kann die Mischung
als Dressing oder als Dip servieren.

Legendäre gekochte Karotten

Das erste Gericht, das ich in meinem Leben
gekocht habe. Ich war damals vier Jahre alt!

––––––

Zutaten

450 g Babykarotten
3 EL gesalzene Butter
3 EL Honig
1 EL Zitronensaft
1 Prise grobes Salz

––––––

1. Wasser in einem mittelgroßen Kochtopf zum Kochen
   bringen, das Salz und die Babykarotten dazugeben.
   4–5 Minuten kochen lassen.

2. Karotten abtropfen lassen. Butter und Honig in
   eine gusseiserne Pfanne geben. Die Karotten darin
   anbraten, bis sie mit einer hübschen Glanzschicht
   überzogen sind.

3. Mit dem Zitronensaft beträufeln und
   mit Salz und Pfeffer würzen.

Honigjoghurt

Na gut, das liegt auf der Hand,
aber es schmeckt einfach genial ...

Zutaten
1 kleine Schüssel griechischer Joghurt
3 EL Honig

Alles gut verrühren. Man kann je nach Geschmack noch weitere Zutaten ergänzen: ein paar Nüsse, Rosinen, etwas Leinsamen oder Knuspermüsli, kleingeschnittene Bananen, Beeren oder Trockenfrüchte. Extrem lecker!

Honig-Pancakes ›Chez Hay‹

Dieses Rezept stammt von
meiner Freundin Hayley.

Zutaten

1 Tasse normales Mehl
1 TL Backpulver
½ TL Natron
1 kleine Prise Salz
1 Tasse Buttermilch
¼ Tasse Milch
2 EL geschmolzene Butter
1 EL Honig
1 großes Ei

----

1. Die trockenen Zutaten in einer großen Schüssel
   vermischen.

2. Die feuchten Zutaten in einer mittelgroßen
   Schüssel vermischen.

3. Die feuchten und trockenen Zutaten zusammen-
   rühren und tüchtig verquirlen, bis ein glatter Teig
   entsteht.

4. Den Teig löffelweise in eine heiße Pfanne geben
   und die Pancakes von jeder Seite etwa eine Minute
   in Butter braten, bis sie goldbraun sind.

5. Die Pancakes großzügig mit Ahornsirup beträufeln –
   oder natürlich mit Honig!

Honigkuchen mit Gewürzen

Dieses Rezept kommt von Bill Yosses, ehemaliger Chefkonditor im Weißen Haus. Ich lernte Mr Yosses dort bei einer Veranstaltung kennen, die sich »Know Your Farmer, Know Your Food« nannte. Er gab uns eine sehr freundliche Führung und zeigte uns auch seine Bienenstöcke draußen vor dem Haus.

Zutaten

3 Tassen normales Mehl
½ TL Salz
1 TL Zimt
1 TL Natron
2 Tassen Honig
2 Eier
1 ½ Tassen Orangensaft
½ Tasse Rosinen

1. Ofen auf 160 °C (Gas: Stufe 3) vorheizen.
   In einer großen Schüssel Mehl, Salz, Zimt und Natron zusammensieben und beiseitestellen.

2. In einer anderen Schüssel Honig, Eier und Orangensaft mit einem Holzlöffel verrühren, bis sich die Zutaten verbunden haben.

3. Diese Mischung zu den trockenen Zutaten geben und alles gut vermischen. Die Rosinen dazugeben.

4. Zwei Kastenformen (22 × 13 cm) einfetten und in jede Form die Hälfte des Teigs einfüllen.
   75 Minuten backen. Herausnehmen, wenn man mit einem Zahnstocher in die Mitte stechen kann und kein Teig mehr daran kleben bleibt.

Käsekuchen mit Feta und Honig

Dieses Rezept wurde mir freundlicherweise von
Sarit Packer und Itamar Srulovich überlassen, den
Gründern des Londoner Restaurants *Honey & Co.*
Es steht außerdem in ihrem ausgezeichneten Buch
Honey & Co: Food from the Middle East (Saltyard
Books). Dieser Nachtisch ist eines ihrer Marken-
zeichen.

Zutaten

Für das Kadaifi

25 g geschmolzene Butter
50 g Kadaifi (oder zerbröselter Blätterteig)
1 EL feiner Streuzucker

Für die Käsekuchencreme

160 g Frischkäse mit vollem Fettgehalt (z. B. Philadelphia)
160 ml Crème double, extra sahnig
40 g Puderzucker
40 g Honig nach Wahl (ein etwas körniger funktioniert gut)
50 g glatter, cremiger Feta
Mark von einer halben Vanilleschote (oder 1 TL Vanilleessenz)

Für den Honigsirup

50 ml Honig
50 ml Wasser

Zum Garnieren

Ein paar frische Oregano- oder Majoranblättchen
Eine Handvoll ganze geröstete Mandeln, grob gehackt
Mildes Obst der Saison – am besten weiße Pfirsiche oder
     Blaubeeren (Himbeeren oder Aprikosen sind auch gut!)

------

1. Den Ofen auf 180 °C (Gas: Stufe 4) vorheizen.

2. Die geschmolzene Butter mit dem Gebäck und dem Zucker in einer Schüssel mischen. Dafür das Gebäck vorsichtig in Fetzen reißen und mit den Händen alles so durchkämmen, dass das Kadaifi gleichmäßig mit Butter und Zucker bedeckt ist. Die Masse in vier gleich große Portionen teilen, indem man vier garnknäuel-artige Klumpen aus der Masse herauszieht und auf ein mit Backpapier ausgelegtes Backblech legt. Sie sollten aussehen wie vier flache Vogelnester und etwa so groß sein wie eine Untertasse.

3. Die Nester etwa 12 bis 15 Minuten backen, bis sie eine goldene Färbung annehmen. Abkühlen lassen und bis zum Verzehr in einem luftdicht verschlossenen Behälter aufbewahren. Die Gebäcknester halten sich 2 bis 3 Tage, man kann sie also gut vorbereiten.

4. Alle Zutaten für die Käsekuchencreme in eine große Schüssel geben und mit einem Teigspachtel oder einem großen Löffel in kreisförmigen Bewegungen gut verquirlen, bis die Masse andickt. Dafür lieber keinen Schneebesen nehmen, denn es soll keine Luft an die Mischung kommen: Es ist nämlich gerade ihre Konsistenz, die sie so einmalig macht.
Die Festigkeit der Masse prüfen. Dafür mit dem Löffel etwas davon abstechen und ihn dann umdrehen: Die Masse sollte nicht herunterfallen. Wenn sie noch zu weich ist, weiterrühren. (Wenn man dieses Rezept für viele Leute macht und deshalb die Mengen vergrößert, sollte man zum Mixer greifen. Man muss dann allerdings höllisch aufpassen, dass die Masse nicht buttrig wird.) Die Käsekuchencreme lässt sich gut bis zu 48 Stunden vor dem Servieren vorbereiten. Einfach zugedeckt in den Kühlschrank stellen, bis es Zeit ist, den Nachtisch zusammenzusetzen.

5. Honig und Wasser für den Sirup in einen kleinen Topf geben und 1 Minute kochen lassen. Schaum und andere Fremdkörper, die auf der Oberfläche erscheinen, abschöpfen. Vom Feuer nehmen und abkühlen lassen, dann bis zum Servieren zugedeckt im Kühlschrank aufbewahren.

6. Um den Nachtisch zusammenzusetzen, ein Gebäcknest auf jeden Teller legen und einen großen Löffel Käsekuchenmischung daraufgeben. Die Kräuterblättchen und die gehackten Mandeln drüberstreuen, ein paar Blaubeeren oder Pfirsichscheiben hinzufügen und über alles einen Esslöffel Honigsirup träufeln. Für die ganz luxuriöse Variante kann man zusätzlich noch etwas ungefilterten Honig darübergießen.

Sommerlicher Honigsalat

Dieses Rezept wurde mit freundlicher Genehmigung dem folgendem Buch entnommen: *The Honey Connoisseur: Selecting, Tasting, and Pairing Honey* von C. Marina Marchese und Kim Flottum, erschienen bei Black Dog & Leventhal.

––––––

Zutaten

2 große reife Pfirsiche
2 große Tomaten
½ Tasse Balsamico-Essig
2 TL Stechpalmenhonig oder Distelhonig
   (oder eine andere Lieblingssorte)
2 Knoblauchzehen, gehackt
½ Tasse Olivenöl
1 TL Dijon-Senf
Frisches Basilikum, klein gezupft

––––––

1. Die Pfirsiche und Tomaten in mundgerechte Stücke schneiden und in eine große Schüssel geben.

2. Für das Dressing alle übrigen Zutaten in eine mittelgroße Schüssel geben und gut verquirlen.

3. Das Dressing zu den Tomaten und Pfirsichen geben und unterheben.

4. Bei Raumtemperatur servieren.

Fromageon

Dieses Rezept stammt von Elizabeth Gawthrop Riely,
Autorin des Buches *A Feast of Fruits* (Macmillan)
und *The Chef's Companion* (Wiley). Sie war außerdem
die Herausgeberin von *The Culinary Times*. Dies sagt
sie selbst zu ihrem Rezept:

»Fromageon ist ein Ziegenkäse aus Südfrankreich.
In dieser Variante nehmen wir einen frischen Chèvre,
der mit ein wenig Sahne cremiger gemacht und mit
Honig gewürzt wird. Dieser ländliche Nachtisch ist
zugleich sehr einfach und sehr elegant – gut geeignet
für einen entspannten Abend unter Freunden. Weil
dieser Fromageon sehr reichhaltig und aromatisch ist,
sollte er in kleinen Portionen serviert werden – oder
die Gäste bedienen sich einfach selbst.«

Zutaten
170 g frischer, milder Ziegenkäse
Etwa 4 EL Sahne
1 ½ bis 2 EL Honig von bester Qualität
Frische Früchte wie Birnen, Äpfel oder Trauben

1. Den Chèvre in eine kleine Schüssel geben und mit
   der Rückseite eines Löffels zusammen mit der Sahne
   zerdrücken, sodass eine cremige Mischung entsteht.

2. Den Honig einrühren und etwas zurückbehalten,
   damit die Creme nicht zu süß wird. Mehrmals ab-
   schmecken, um einen ausgewogenen Geschmack zu
   erreichen und, falls nötig, weiteren Honig hinzuzu-
   geben. Bitte beachten: Dunklerer Honig hat ein
   stärkeres Aroma als heller!

3. Den Fromageon in einen kleinen Krug oder eine Schüssel geben und bis zum Servieren kaltstellen.

4. Mit Obst servieren, zum Beispiel mit knackigen Birnen und Trauben, eventuell auch mit gerösteten Walnüssen und einem Zweig Rosmarin für das Aroma und die Farbe. Dazu passen dünn geschnittenes, geröstetes Nussbrot und ein Glas Armagnac oder Madeira.

Radieschen und grüne Bohnen mit Honig

Annie Novak, die mir dieses Rezept freundlicherweise zur Verfügung gestellt hat, ist die Gründerin
und Direktorin von *Growing Chefs*, einem Bildungs-
programm für Grundschulkinder zum Thema Nah-
rungsanbau und Kochen. Annie ist außerdem die
Organisatorin der *Edible Academy* im Botanischen
Garten von New York. Sie selbst hat in der Zeitschrift
The Atlantic zu diesem Rezept Folgendes geschrieben:

*»Als ich vor Jahren mit neuseeländischen Bauern
arbeitete, sagte mir einmal ein Chefkoch, das Geheim-
nis eines guten Rezeptes sei es, dass an alles gedacht
ist: Jede Geschmacksrichtung müsse vorkommen
– süß, salzig, herzhaft, würzig und sauer – und für das
schöne Gefühl im Mund, die Struktur des Essens, sei
es wichtig, den Kochvorgang sehr aufmerksam im
Auge zu behalten. Das folgende asiatisch beeinflusste
Rezept wird all dem gerecht, und indem man Menschen, die eigentlich keine Radieschen-Fans sind, dazu
bringt, sich in diese schlichte Knolle zu verlieben, kann
man mächtig Eindruck schinden! Wenn die Sommer-
hitze die Radieschen in der Erde scharf werden lässt,
kann dieser süße und doch ungewöhnliche Mantel aus
Chili-Honig ihre Schärfe abmildern.«*

Zutaten

450 g geputzte grüne Bohnen
¼ Tasse natives Olivenöl extra
225 g Radieschen, geputzt und geviertelt
2 Knoblauchzehen, gehackt
1 EL Honig
1 TL Chiliflocken
Salz und frisch gemahlener Pfeffer, nach Geschmack

1. Bei starker Hitze Wasser in einem großen Topf zum Kochen bringen. Die grünen Bohnen etwa 3 bis 4 Minuten darin kochen, bis sie weich sind, aber noch Biss haben.

2. Vom Herd nehmen und die Bohnen in ein Eisbad tauchen, damit sie sofort aufhören zu kochen. Wenn sie kühl genug sind, Bohnen nach Bedarf in mundgerechte Stücke schneiden. (Man kann sie aber auch ganz lassen und nur die Spitzen abschneiden.)

3. Das Öl in einer großen Pfanne bei mittlerer Hitze erwärmen. Knoblauch hinzufügen und ungefähr zwei Minuten anbraten, bis er eine goldene Farbe annimmt.

4. Grüne Bohnen und Radieschen dazugeben, bis man sie leicht mit der Gabel aufnehmen kann. Das dauert etwa 5 Minuten.

5. Honig und Chiliflocken dazugeben. Dabei ständig umrühren, damit der Honig nicht anbrennt. Nach Geschmack salzen und pfeffern und etwa 2 bis 3 Minuten weiterköcheln lassen, bis das Gemüse anfängt zu karamellisieren.

6. Den Salat in eine große Schüssel geben und zum Abkühlen kurz beiseitestellen.

7. Noch warm oder bei Zimmertemperatur servieren.

Blumenkohl mit Trauben und Honig

Ein weiteres köstliches Rezept von Annie Novak.
Es kombiniert Früchte der Saison, die etwa zur
gleichen Zeit geerntet werden: Blumenkohl und
süße Spätsommertrauben.

*»Dieses Rezept gründet in den Kindheitserinnerungen
an meinen Lateinunterricht: Schon immer haben
mich die dekadenten Gerichte fasziniert, die an den
Tafeln der sterblichen und mythologischen Figuren
aufgetischt wurden. Cicero und Plinius priesen genau wie Vergil den Honig in pathetischen und doch
passenden Worten: ›Jetzo die himmlischen Gaben
des luftentquollenen Honigs / Sing' ich‹«.*

Zutaten

1 Blumenkohl
1 Bund Trauben
2 Knoblauchzehen
½ Tasse Pinienkerne
(Pistazien oder Walnüsse schmecken ebenfalls köstlich)
3 EL Olivenöl
1–2 EL Fenchelsamen, nach Geschmack
1–2 EL Honig, nach Geschmack
Salz, nach Geschmack

1. Ofen auf 190 °C (Gas: Stufe 5) vorheizen.

2. Den Blumenkohl waschen und in mundgerechte Stücke schneiden. Die Trauben waschen und in der Mitte durchschneiden. Knoblauch fein hacken. Nüsse grob hacken.

3. In einer großen Schüssel Blumenkohl, Trauben, Knoblauch, Nüsse, Fenchelsamen und Olivenöl vermengen.

4. Die Mischung in eine Auflaufform geben, mit Alufolie abdecken und für 20–25 Minuten backen, bis der Blumenkohl weich ist.

5. Die Alufolie entfernen und für weitere 10 Minuten in den Ofen schieben, bis der Blumenkohl leicht gebräunt ist.

6. In Honig und Salz schwenken und servieren.

Winterlicher Gemüseeintopf nach marokkanischer Art

Ramin Ganeshram ist Chefköchin und Autorin von Büchern über Ernährung und Kochen. Ihr neuestes Buch *Future Chefs*, ist bei Rodale erschienen. Es würdigt die Leistungen junger Köche, Ernährungs-Aktivisten und Reformer in ganz Amerika und dem Rest der Welt.

»Dieser Eintopf ist inspiriert von den warm ge-würzten, honiggesüßten marokkanischen Tagines. Er schmeckt am besten mit Wintergemüse, aber man kann natürlich auch mit den eigenen Lieblingssorten experimentieren. Winterkürbis, Rosenkohl und Süß-kartoffeln sind nur einige Beispiele für Gemüsesorten, die in diesem Eintopf ebenso köstlich schmecken.«

Zutaten

1 **Tasse getrocknete Kichererbsen**
    oder 400 g Kichererbsen aus der Dose
½ **TL Natron**
1 **EL natives Olivenöl extra oder**
    (noch besser) Arganien- Speiseöl
1 **kleine Zwiebel, in Scheiben geschnitten**
1 **EL frisch geriebener Ingwer**
1 **Pastinake, geputzt und in etwa**
    2,5 cm große Stückchen geschnitten
2 **Karotten, geputzt und in etwa**
    2,5 cm große Stückchen geschnitten
1 **kleiner Blumenkohl, in etwa 2,5 cm großen Röschen**
1 **große Zucchini, in etwa 2,5 cm große Stückchen geschnitten**
1 **TL Kurkuma**
½ **TL Chilipulver**
½ **TL Zimt**

½ TL Kreuzkümmel
1 TL frisch gemahlener schwarzer Pfeffer
1 Tasse geschmorte, gebackene Tomaten,
  in Scheiben geschnitten.
1 kleine Anis-Schote
2 ganze Gewürznelken
2 Kardamom-Schoten, leicht zerdrückt
2 Tassen Gemüsebrühe
Etwa 1 TL Salz, nach Geschmack

---

1. Die getrockneten Kichererbsen vorbereiten, indem
   man sie in 3 Tassen kaltem Wasser über Nacht ein-
   weicht. Abtropfen lassen und drei Tassen Wasser in
   einem mittelgroßen Topf zum Kochen bringen. Die ab-
   getropften Kichererbsen und das Natron hineingeben,
   Hitze reduzieren und etwa 30 Minuten leise köcheln
   lassen, bis die Kichererbsen weich sind. Abtropfen
   lassen und beiseitestellen. Alternativ kann man auch
   Kichererbsen aus der Dose nehmen: Diese in einem
   Sieb abtropfen lassen und beiseitestellen.

2. Den Ofen auf 180 °C (Gas: Stufe 4) vorheizen.
   Einen flachen Bratentopf oder einen großen, tiefen,
   feuerfesten Topf bei mittlerer Temperatur erhitzen
   und das Öl hinzufügen. Zwiebeln und Ingwer für
   2 bis 3 Minuten anbraten, bis die Zwiebeln anfangen,
   weich zu werden.

3. Die Pastinake, die Karotten und die Blumenkohl-
   röschen dazugeben, gut umrühren und 4 bis 5 Minuten mitdünsten, bis die Karotten leicht gebräunt sind.

4. Kurkuma, Chilipulver, Zimt, Kreuzkümmel und
   schwarzen Pfeffer zufügen und alles gut vermischen.
   Den Eintopf 1 Minute köcheln lassen, bis die Gewürze
   ihr Aroma entfalten.

5. Tomaten hinzufügen und gut umrühren, dann die Gewürznelken und Kardamomschoten einrühren.

6. Die Gemüsebrühe, den Honig und die Kichererbsen dazugeben und gut umrühren. Den Eintopf 10 Minuten ohne Deckel köcheln lassen, dann abdecken und für 20 Minuten (oder länger) in den Ofen stellen, bis die Flüssigkeit eingedickt ist und sich um ein Drittel reduziert hat. Salz zufügen. Noch einmal abgedeckt für 10 Minuten köcheln lassen.

Heiß servieren. Dazu passt Couscous:

Zutaten

1 TL natives Olivenöl extra oder (noch besser) Arganienöl
2 Knoblauchzehen, fein gehackt
1 ½ Tassen Gemüsebrühe
1 kleines Lorbeerblatt
¼ TL Kurkuma
¼ TL Salz
¼ TL frisch gemahlener schwarzer Pfeffer
1 Tasse Vollkorncouscous

1. Einen kleinen Kochtopf bei mittlerer Temperatur erhitzen und das Öl zufügen. Den Knoblauch darin für 1 bis 2 Minuten anbraten.

2. Gemüsebrühe, Lorbeerblatt, Kurkuma, Salz und schwarzen Pfeffer zufügen. 10 Minuten köcheln lassen.

3. Den Couscous einrieseln lassen und 1 Minute kochen. Vom Herd nehmen und den Deckel fest auf den Topf setzen. 10 bis 15 Minuten ziehen lassen, bis die ganze Flüssigkeit aufgenommen wurde.

4. Den Deckel abnehmen und den Couscous mit der Gabel auflockern. Mit dem Gemüseeintopf servieren.

Heilsalbe mit Beinwell

Von meinen Bienenlehrern Jane und Rob Wild
stammt dieses (nicht essbare!) Salben-Rezept, das
bei rauen Händen und trockenen Lippen unersetzlich
ist. Jane ist »Hinterhof-Imkerin« und Vizepräsidentin
der Essex County Beekeepers' Association in Massachusetts. Sie hält schon seit 1991 Bienen, und sie und
ihr Ehemann Rob haben zusammen 14 Bienenstöcke.
In jeder Bienensaison verlasse ich mich aufs Neue auf
die beiden, und ich habe ihnen wahrscheinlich mehr
Fragen gestellt, als sie jemals für möglich hielten.

Zutaten

6 TL gemahlene Beinwellwurzel
115 g Bienenwachs
115 g Olivenöl
10 Tropfen Vitamin-E-Öl

1. Die Beinwellwurzel mit dem Olivenöl vermischen,
   den Bienenwachs zufügen und in einem Wasserbad
   bei niedriger Hitze schmelzen lassen. Dabei gut umrühren.

2. Von der Flamme nehmen, das Vitamin-E-Öl zufügen
   und gut umrühren.

3. Durch ein feinmaschiges Tuch aus Polyester oder
   Nylon abseihen. (Beinwell neigt im Wachs zur
   Klumpenbildung, und die Mischung kann eine
   aschgraue Farbe annehmen.)

4. Wenn die Mischung abgekühlt ist, kann sie in fest
   verschließbaren Dosen oder in Konservengläsern mit
   großer Öffnung aufbewahrt werden. (Wenn man weniger Bienenwachs zufügt, wird die Mischung weicher.)

Quellen

QUELLEN

Im Netz

Deutscher Imkerbund e. V.
www-deutscherimkerbund.de
*Der 1907 gegründete Verband
ist die größte Imkervereinigung
Deutschlands.*

Vorbereitungen/Ausrüstung
www.schwarmboerse.de
www.bienenweber.de/Ratschlaege_
fuer_Anfaenger.html

Imker-Ratgeber
www.die-honigmacher.de/

Bienentanz
http://www.bienenschade.de/
Honigbienen/Sprache/
Bienentaenze.html

Aufbau eines Bienenstocks
www.imkerpate.de/bienenstock/

Alles zum Thema Bienenhaltung
www.bienenkiste.de/
*Die Website enthält viele
nützliche Links.*

Bücher

*Imkern Schritt für Schritt:
Für Einsteiger – alle Arbeiten rund
ums Jahr* von Kaspar Bienefeld
(Kosmos 2016)

*Bienen Basics. Alles was Hobby-
imker und Bienenfreunde wissen
müssen* von Sandra und Armin
Bielmeier (Gräfe und Unzer 2016)

1 × 1 des Imkerns von Friedrich
Pohl *(Kosmos, 3. Auflage 2017)*

*Bienengemäß imkern:
Das Praxis-Handbuch* von
Günter Friedmann und
Angelika Sust (BLV 2016)

*Die Intelligenz der Bienen.
Wie sie denken, planen, fühlen
und was wir daraus lernen können*
von Randolf Menzel und
Matthias Eckoldt (Knaus 2016)

Die Geschichte der Bienen
von Maja Lunde (btb 2017)

Videos / Filme

Marla Spivak:
Why bees are disappearing
www.ted.com/talks/marla_spivak_
why_bees_are_disappearing

More than Honey
buy.morethanhoneyfilm.com

Bienensterben
www.vanishingbees.com

Queen of the Sun
www.queenofthesun.com

Du kannst Orren auf Twitter kontaktieren:
@happyhoneybees @happychickens oder
per E-Mail: *thehappychickens@gmail.com*

Über den Autor

Orren Fox, geboren 1998, ist Imker, Hühnerhalter, Aktivist für nachhaltige Ernährung, Longboard-Konstrukteur und Student. Er ist in Newburyport, Massachusetts aufgewachsen und hat schon früh angefangen, Hühner und Bienen zu halten. Im Jahr 2012 war er Redner bei den *Do Lectures* in den USA als Redner aufgetreten. Orren hat einen eigenen Blog namens *happychickens.com*, in dem er über wesensgemäße Hühnerhaltung schreibt, und natürlich über Bienen. Für *Edible Boston, Civileats.com* und *Handpicked Nation* hat er etliche Artikel geschrieben, und er wurde schon von der *Huffington Post,* dem *Yankee Magazin* und dem *Boston Globe* interviewt.

Im Mai 2012 wurde Orren von Kathleen Merrigan, damals stellvertretende Ministerin für Landwirtschaft, zu der Veranstaltung *Know Your Farmer, Know Your Food* ins Weiße Haus eingeladen. Im Rahmen dieser Veranstaltung nahm Orren mit seinem Honig an einem Wettbewerb teil, der von Sam Kass organisiert worden war, dem geschäftsführenden Direktor von *Let's Move* und politischen Chefberater bei *Nutrition Policy.* Das Weiße Haus hat Bienenstöcke und erntet jedes Jahr Honig.

Orren ist außerdem Gründer von #beechat, einer Twittergruppe für Imker auf der ganzen Welt, die die Unterstützung von Bienen zum Ziel hat. Zusätzlich hat er eine App mit Namen *Beehaviors* ins Leben gerufen, die die Arbeit von Laienforschern nutzbar machen möchte: Indem sie den Entomologen kontinuierlich Zahlenmaterial zur Verfügung stellen, sollen sie dabei helfen, herauszubekommen, was gerade mit den Bienen in den USA vor sich geht.

Surkhet, Nepal. Photo © Blink Now

Dank

Ich danke David und Clare Hieatt, Duke Stump, Anna Beuselinck und Miranda West von *Do Lectures* und *Do Books*, die es mir ermöglicht haben, von so inspirierenden Menschen umgeben zu sein; Danke an Michael Piazza (Ausnahmephotograph!), Jen Reddy (mit der ich herausgefunden habe, welche Geschichte ich erzählen will) und Maggie Doyne (die mich ermuntert hat, alles für möglich zu halten, auch das Imkern in Nepal!).

Ich danke Mr. Robinson, meinem phantastischen Englischlehrer, der mir beigebracht hat, beim Schreiben logischer vorzugehen. Und meinem Beratungslehrer Tim Sullivan, der mich die ganze Zeit angespornt hat. Ich danke den Verantwortlichen an meiner Schule, dass sie mir Zeit gegeben haben, an diesem Buch zu arbeiten (ich weiß, anfangs hielten Sie das Ganze für einen Scherz!), Mr. Okin, Mr. Doyle und Mr. Meyer und dem Umweltausschuss für die Einrichtung des Imkerprojekts an der Thatcher School.

Was die Rezepte angeht, so möchte ich mich bei Sally Sampson, Mollie Katzen, Bill Yosses, Marina Marchese, Hayley Willner, Ilene Bezahler, Annie Novak, Kim Flottum, Elizabeth Gawthrop Riely, Ramin Ganeshram, Sarit Packer und Itamar Srulovicha bedanken.

Danke meinen Mentoren Jane und Rob Wild von den Essex County Beekeepers, und Ilene Bezahler von *Edible Boston*.

Ich danke meinen Freunden Dorothy Fairweather, Lisa Buczinski und Julie – und David und Lisa Hall dafür, dass es mit dem YardShare geklappt hat.

Und natürlich danke ich meiner Familie: Alice Delana alias Grandhoney, meinem Bruder und meinen Eltern!

Register